Simay Saglam

Qualitative Bewertung des MQTT-Einsatzes für Vehicle-2-X Anwendungen

AF293467

Bibliografische Information der Deutschen Nationalbibliothek:

Bibliografische Information der Deutschen Nationalbibliothek: Die Deutsche Bibliothek verzeichnet diese Publikation in der Deutschen Nationalbibliografie; detaillierte bibliografische Daten sind im Internet über http://dnb.d-nb.de/ abrufbar.

Dieses Werk sowie alle darin enthaltenen einzelnen Beiträge und Abbildungen sind urheberrechtlich geschützt. Jede Verwertung, die nicht ausdrücklich vom Urheberrechtsschutz zugelassen ist, bedarf der vorherigen Zustimmung des Verlages. Das gilt insbesondere für Vervielfältigungen, Bearbeitungen, Übersetzungen, Mikroverfilmungen, Auswertungen durch Datenbanken und für die Einspeicherung und Verarbeitung in elektronische Systeme. Alle Rechte, auch die des auszugsweisen Nachdrucks, der fotomechanischen Wiedergabe (einschließlich Mikrokopie) sowie der Auswertung durch Datenbanken oder ähnliche Einrichtungen, vorbehalten.

Copyright © 2019 Diplom.de
Druck und Bindung: Books on Demand GmbH, Norderstedt Germany
ISBN: 9783961168408

https://www.diplom.de

MIX
Papier aus verantwortungsvollen Quellen
Paper from responsible sources
FSC® C105338

FSC
www.fsc.org

Simay Saglam

Qualitative Bewertung des MQTT-Einsatzes für Vehicle-2-X Anwendungen

Diplom.de

ABSTRACT

Das Ziel dieser wissenschaftlichen Arbeit ist die Untersuchung der Durchführbarkeit des MQTT - Protokolls in der V-2-X-Communication. Betrachtet werden hierbei verschiedene use cases. Die Abkürzung MQTT steht für Message Queue Telemetry Transport und ist ein Nachrichtenprotokoll für die Machine to Machine Kommunikation. Diese ist in letzter Zeit im Bereich Internet of Things (IoT) aufgrund vieler Vorteile, wie die hohe Skalierbarkeit, die hohe Bandbreite, als auch viele weitere immer populärer geworden und daher bereits vielfach im Einsatz. Vehicle-to-x oder auch Car-to-x communication (Fahrzeug zu allem) ist derzeit ein ebenso aktuelles Thema, welches sich in der Entwicklung befindet. Bezüglich V-2-V, oder auch V-2-X bestehen viele Anforderungen, wie beispielsweise die Schnelligkeit der Nachrichtenübertragung oder die Reichweite des Signals. Diese werden derzeit mittels WLAN oder Funktechnik übermittelt. Aufgrund der einfachen Implementierung von MQTT wird überprüft, in welchen Anwendungsfällen (use cases) und unter welchen Bedingungen das MQTT Protokoll integriert werden kann und in welchen Fällen es keinen Sinn macht. Abschließend wird eine zusammenfassende Bewertung abgebeben. Hierbei werden auch konkrete Schwachstellen des Protokolls für den Einsatz im Verkehr, sowie Verbesserungsvorschläge für zukünftige Projekte und Entwicklungen im Bereich des Car-2-X genannt.

Inhaltsverzeichnis

Abbildungsverzeichnis

Tabellenverzeichnis

1. Einführung

In diesem Kapitel werden die Aufgabenstellung und die Zielvorgabe für diese Bachelorarbeit beschrieben, und anschließend die Grundlagen für die Arbeit näher erläutert werden.

1.1 Motivation und Problemstellung

„Das autonome Auto als individuelles Massenverkehrsmittel wird sich in Europa nicht vor 2050 durchsetzen. In China wird dies bereits nach 2030 der Fall sein". [1]

dies ist die Meinung des Professors Ferdinand Dudenhöffer, Experte in der Automobilwirtschaft. Anhand solcher Aussagen wird deutlich, wie unterschiedlich die Prognosen verschiedener Hersteller, Wissenschaftler und ITler bezüglich des technischen Fortschrittes sind. Was die Zukunft bezüglich autonom fahrender Autos angeht, gehen die Meinungen ziemlich weit auseinander. Während die einen sehr skeptisch gegenüber dem Zukunftshype sind, sind einige sehr hoffnungsvoll und offen für die neue Art von Fahren. Bis dahin ist es zwar noch ein weiter Weg, denn hier spielt nicht nur die Technik im Fahrzeug eine große Rolle, auch die umgebende Infrastruktur muss dementsprechend umgerüstet werden. Ebenso ist der gesetzliche Rahmen hierzu noch nicht vollständig gegeben. Trotzdem ist nicht zu verleugnen, dass der Trend Richtung autonom fahrende Fahrzeuge geht, wozu hier Car-2-X bzw. Vehicle-2-X die ersten Schritte in diese Richtung einschlagen.

Viele Automobilhersteller sind der Meinung, ohne die ab 2020 verfügbare und derzeit eingeführte 5G Mobilfunktechnik sei die Weiterentwicklung und Integrierung von autonom fahrenden Fahrzeugen nicht möglich. Im Gegensatz hierzu macht der Großkonzern VW schon jetzt ohne das 5G Netz mit Car-2-x und Wlanp den ersten Schritt und testet die Technologie auf verschiedenen Teststrecken in Deutschland und versucht hier einen Standard für zukünftige Entwicklungen zu setzen. [2]

Die unterschiedlichen Herangehensweisen der Automobilersteller stellen für die Entwicklung des autonomen Fahrens aktuell noch ein großes Hindernis dar. Es gibt noch keinen Standard und keine Einigung darüber, welche Technik nun für die Kommunikation verwendet wird. Dieser Standard muss europaweit, wenn nicht sogar weltweit gewährleistet sein um eine reibungslose Kommunikation zu garantieren.

Für die Kommunikation zwischen Maschinen gibt es zahlreiche Möglichkeiten, dessen Vor- und Nachteile je nach Bedarfsfall einzeln bewertet werden müssten. Internet of Things (kurz IoT) beschäftigt sich genau mit dieser Thematik. Eine anschaulichere Definition für IOT wäre folgende:

> *"Der Begriff "Internet of Things" (übersetzt: "Internet der Dinge") bezeichnet die zunehmende Vernetzung zwischen "intelligenten" Gegenständen sowohl untereinander als auch nach außen hin mit dem Internet. Verschiedene Objekte, Alltagsgegenstände oder Maschinen werden dabei mit Prozessoren und eingebetteten Sensoren ausgestattet, sodass sie in der Lage sind, via IP-Netz miteinander zu kommunizieren." [3]*

MQTT basiert auf der Transportschicht TCP und ist ein ereignis- und nachrichtenorientiertes Anwendungsprotokoll. Es eignet sich für eingebettete Systeme, fungiert aber auch zwischen mehreren Netzwerken. Beim Facebook Messenger zum Beispiel, oder auch bei Diensten von Amazon Web Services IOT, werden hier mithilfe von MQTT Push Nachrichten verschickt.   [4]   [5] Ursprünglich wurde das leichtgewichtige Protokoll entwickelt, um Ölpipelines mit einer Satelliten-Verbindung zu vernetzen. Seither wird MQTT nicht nur in eingebetteten Systemen, sondern auch in offenen IoT-Anwendungen verwendet. [6]

1.2 Zielsetzung

In dieser Arbeit wird versucht das MQTT-Protokoll ohne Implementierung und Test, sondern als rein theoretisches Vorgehen, in das Fahrzeug zu integrieren und zu schauen ob es sich für die Kommunikation von Vehicle-2-X Anwendungen eignet. Wenn möglich sollen weitere Anforderungen, sowie genauere Konfigurationsoptionen definiert werden. Zum Schluss werden Empfehlungen gegeben, die ausschlaggebend sind um das Protokoll für möglichst alle Vehicle-2-X Anwendungen brauchbar zu machen. Auf den Erkenntnissen dieser Arbeit basierend, könnte man in einem weiteren Schritt untersuchen, wie man das Protokoll um die genannten Anforderungen erweitern kann um es sozusagen „fahrzeugtauglich" zu gestalten.

1.3 Aufbau der Arbeit

Im ersten Teil werden die theoretischen Grundlagen des Vehicle-2-X, als auch des MQTT – Protokolls vorgestellt. Hier werden Begrifflichkeiten wie Vehicle-2-X erklärt, sowie die Funktionsweise des MQTT-Protokolls näher erläutert.

Im zweiten Teil wird geprüft, ob das MQTT-Protokoll unter bestimmten Annahmen und Rahmenbedingungen für verschiedene Anwendungsfälle nutzbar ist. Hier werden einige der use cases visuell dargestellt, um die Signalflüsse erkennbar zu machen und Publisher, Broker und Subscriber unterscheiden zu können. Anschließend wird eine zusammenfassende Bewertung durchgeführt, die darstellen soll, ob das Protokoll für V-2-X geeignet ist oder nicht.

Im letzten Teil der Arbeit wird ein Fazit zu der Gesamtthematik, sowie ein Ausblick für eine mögliche Weiterentwicklung dieser Technologie gegeben.

2. Grundlagen zum Verständnis der Arbeit

In diesem Kapitel werden Definitionen von Begriffen, wie beispielsweise MQTT und Vehicle-2-X-Communication gegeben. Dabei wird die Entstehung, sowie die Inhalte des Vehicle-2-X näher beschrieben. Zudem wird das Funktionsprinzip und einzelne Komponenten des Internetprotokolls MQTT erklärt.

2.1 Vehicle – 2 – X Communication

Was verbirgt sich eigentlich hinter der Bezeichnung Vehicle-2-X, oder auch Car-2-X Communication? Bis vor einigen Jahren waren als bisher bekannte Kommunikation im Kraftfahrzeugbereich lediglich die über Datenbusse kommunizierenden Komponenten im Fahrzeug gemeint. Die gängigsten Systeme hierbei sind z.B. CAN und FlexRay. Hier werden jeweils die Informationen kabelgebunden an die Steuergeräte übermittelt. [7] Mit steigender Anzahl an Verkehrsteilnehmern wie Automobilen, LKWs, Bussen etc. im Straßenverkehr steigen ebenso die Anforderungen an die zukünftigen PKWs. Denn trotz strenger Auflagen und Verkehrsgesetze starben allein in Deutschland laut der World Health Organization im Jahre 2016, 3206 Menschen im Straßenverkehr. [8] Demnach steigen die Anforderungen an die Fahrzeuge immer mehr und die Vehicle2-X Communication kann hier als eine der Lösungsmöglichkeiten dienen. Innerhalb der vernetzten Mobilität stellt der Begriff V-2-X bzw. Car-2-X das Hyperonym verschiedener Kommunikationswege dar. Diese werden in folgender Abbildung näher beschrieben:

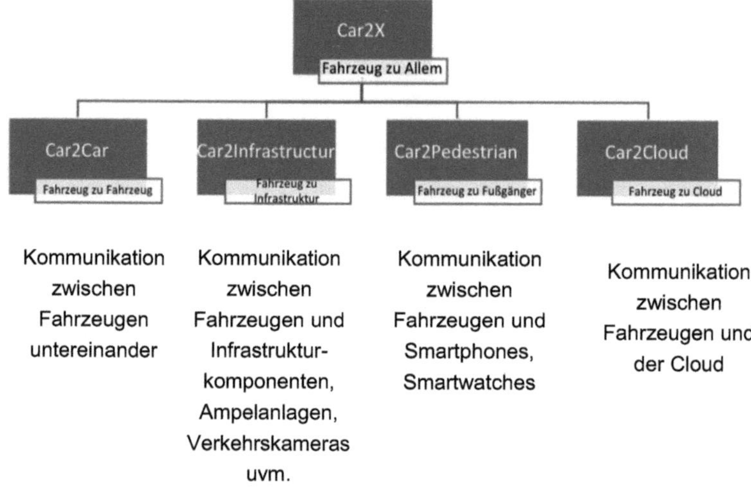

Abbildung 1: Car-2-X-Modell

Von besonderer Bedeutung bei der Fahrzeugkommunikation ist die Sicherheit. Außerdem soll der Verkehrsfluss und die –Effizienz, sowie der Komfort aller Reisenden gewährleistet werden.

Aus folgender Statistik geht hervor, dass der Schutz der eigenen Sicherheit für die Menschen die größte Wichtigkeit bei der Nutzung vernetzter Autos darstellt.

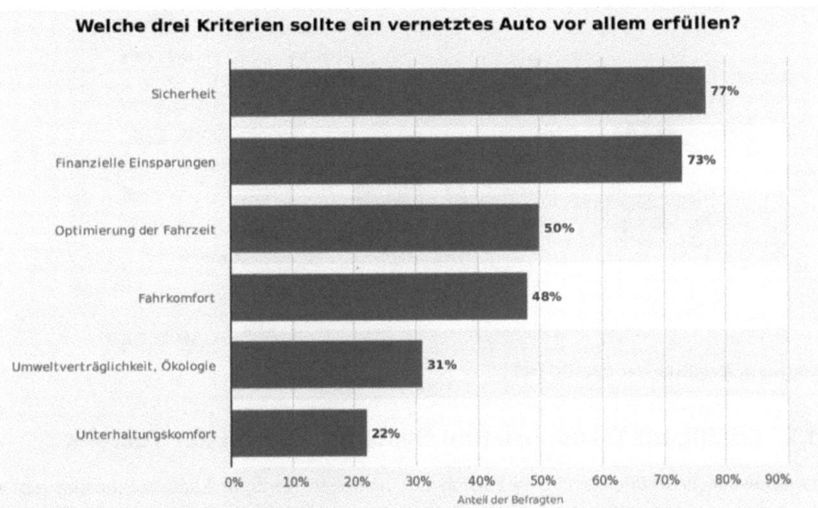

Abbildung 2: Kriterien, die ein vernetztes Auto erfüllen soll [9]

2.1.1 Car2Car – Communication Consortium (C2C-CC)

Ein Zusammenschluss europäischer Fahrzeughersteller, Zulieferer und Forschungsinstitute hat die Intention, die Interoperabilität zwischen den Produkten verschiedener Akteure zu gewährleisten, indem sie die Verbindung unter Fahrzeugen mit der Umgebung normen. Sie unterstützen aus diesem Grund die von der europäischen Kommission geförderte Cooperative Intelligent Transport Systems (C-ITS) Plattform, die auf den gemeingültigen Einsatz von C-ITS in der EU hinarbeitet. Seit der Gründung durch Automobilhersteller im Jahr 2002 hat das Konsortium unter anderem das 5,9 GHz-Frequenzband für die sicherheitsrelevante V2V-Konnektivität in Europa mit eingebunden. Zudem wurden Kooperationen mit Unternehmen aus der Bau- und Infrastruktur Branche, als auch mit Straßenverkehrsbehörden verschiedener Städte und Regionen eingegangen. 2013 wurde die Public Key Infrastructure (PKI) eingeführt, die bei der Verwendung von Car2Car einen elementaren Beitrag zum Schutz der Privatsphäre leistet und die Integrität kooperativer Systeme sicherstellt. [10]

Im Folgenden sind die Mitglieder des Car2Car Konsortiums aufgeführt.

Abbildung 3: Mitglieder des C2C-CC [10]

2.1.2   Intelligent Transportation Systems – Stand der Technik

Eine weltweite Standardisierung bezüglich der aktuellen Kommunikationstechniken gibt es bisher nicht. Es wird weiterhin viel geforscht und getestet, um mögliche Standardisierungen voranzutreiben und eine Markteinführung zu gewährleisten. Um die jeweiligen Systeme zu testen und zu optimieren, gibt es in vielen Teilen Europas und den USA Teststrecken. Die Zuständigkeit für Standards in den USA liegt bei IEEE und SAE. In Europa definieren und verwalten CAR 2 CAR Communication Consortium (C2C-CC), ETSI und ISO die Standards. [11] Für die Kommunikation zwischen mehreren Fahrzeugen gibt es das Vehicular ad-hoc Network (VANET). Dieses ermöglicht sowohl die C2C, als auch die C2X-Kommunikation. In nachfolgender Abbildung ist ein mögliches Szenario mit VANET aufgebaut.

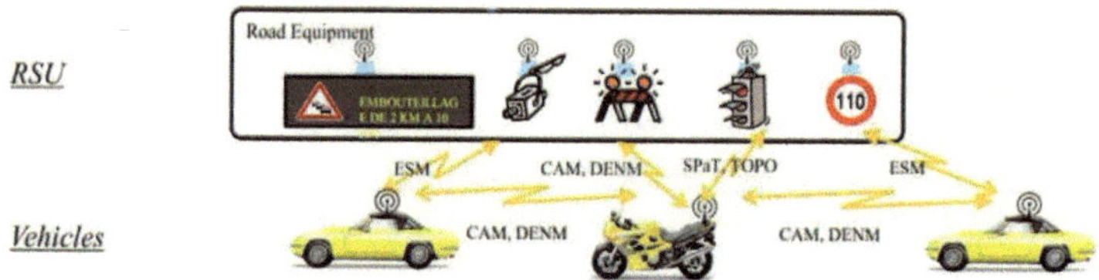

Abbildung 4: Netzwerktopologie für die Car-2Car/Car-2-X Infrastruktur [12]

Wie man in obiger Abbildung sehen kann, kommen zwischen Car-2-Car hauptsächlich die WAVE-Message Typen CAM und DENM zum Einsatz, welche nachfolgend noch näher erläutert werden.

WAVE welches für „Wireless Access for Vehicular Environment" steht, oder auch zeitweise 802.11p Standard genannt wird, ist aus der Arbeitsgruppe 802.11p entstanden und dient als eine verlässliche Schnittstelle für intelligente Transportsysteme. [13] Im Folgenden werden die Eigenschaften von WAVE, sowie die dazugehörigen CAM und DENM Messages kurz erläutert [14]

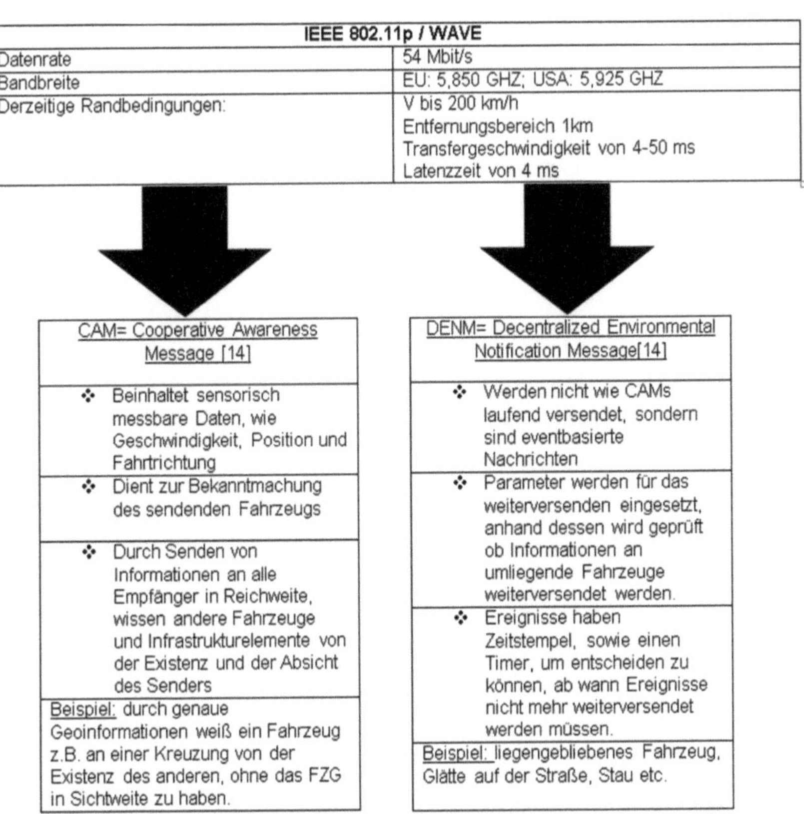

IEEE 802.11p / WAVE	
Datenrate	54 Mbit/s
Bandbreite	EU: 5,850 GHZ; USA: 5,925 GHZ
Derzeitige Randbedingungen:	V bis 200 km/h Entfernungsbereich 1km Transfergeschwindigkeit von 4-50 ms Latenzzeit von 4 ms

Abbildung 5: Übersicht der Eigenschaften von CAM und DENM

Ferner den WAVE Message Typen gibt es auch viele weitere Kommunikationstechnologien, die noch nicht aktiv in Gebrauch sind, wie WiMAX, 5G/ Millimeter WAVE, VLC, Zigbee, Bluetooth usw. Dieses Kapitel soll aber nur dem Grundverständnis für aktuell eingesetzte Kommunikationstechnologien dienen. [15] Aufgrund der geringen Bedeutung für diese Arbeit wird auf diese Technologien daher nicht weiter eingegangen.

2.2 MQTT – Grundlagen

„MQTT- Message Queue Telemetry Transport is a leightweight, broker based publish/subscribe messaging protocoll designed to be open, simple, lightweight and easy to implement." [16]

Entnommen wurde diese MQTT v.3.1 Protokoll Spezifikation von den IBM und Eurotech Konzernen, welche auch die Urheberrechte vorbehalten. MQTT ist in der Internet of Things Welt ein offenes Nachrichtenprotokoll für die Machine to Machine Kommunikation, welches sich immer größerer Beliebtheit erfreut. Ursprünglich wurde MQTT für ressourcenarme Geräte mit schlechter Konnektivität entwickelt und ist daher sehr gut geeignet für Embedded - Entwicklungen. Das MQTT Protokoll basiert auf der Publish/ Subscribe-Architektur, das bedeutet es gibt keine Ende zu Ende Verbindung wie bei HTTP. Gesendet (published), als auch Empfangen (subscribed) werden über Topics. Ein Topic ist ein String der den Betreff bzw. den Inhalt der Nachricht darstellt. In folgender Abbildung ist hierfür ein Beispiel gegeben. Im Beispiel könnte ein Temperatursensor, der im Wohnzimmer angebracht ist, seine Messwerte auf dem Topic Daheim/Wohnzimmer/Temperatur veröffentlichen. [17]

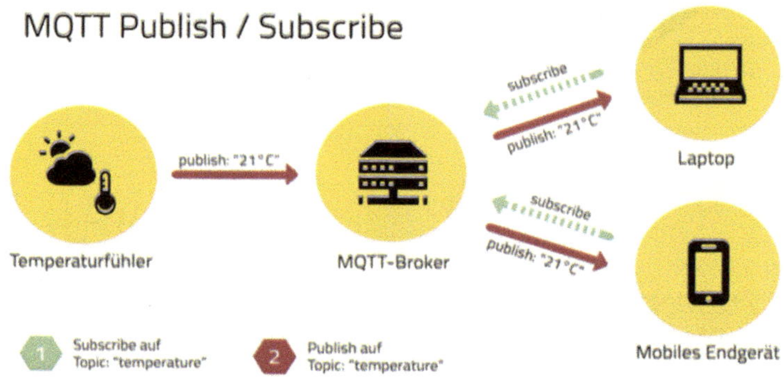

Abbildung 6: Publish/Subscribe Architektur von MQTT [18]

Nachdem die Nachricht gesendet wurde können diese mehrere Teilnehmer zugestellt bekommen, da die Kommunikation über den Broker läuft. Somit sind Publisher und Subscriber entkoppelt. Diese Architektur bringt einige Vorteile mit sich, wie z.B.:

- ❖ Eignung für speicher- oder prozessorbegrenzte Ressourcen (eingebettete Systeme)

- ❖ Einfache Implementierung

- ❖ Unterschiedliche Qualitätslevel, um auch für instabile Netze immer eine sichere Kommunikation zu gewährleisten

- ❖ Uvm.

Neben den QoS-Level, auf die im nächsten Punkt weiter eingegangen wird, gibt es noch weitere Extras die MQTT zur Verfügung stellt. Dazu gehören unter anderem:

- ❖ <u>Retained Messages</u>, sind Messages, die vom Broker gespeichert werden mit zugehörigem Topic. Sobald sich ein neuer Abonnent subscribed wird dieser automatisch zugestellt. [19]

- ❖ <u>Persistent Session</u>, dient dazu um bei einer Unterbrechung von Client und Broker nicht alle Daten zu verlieren. Mit einer persistent session muss sich der Client bei einer Neuverbindung nicht neu für jedes Thema abonnieren und spart somit Ressourcen. [20]

- ❖ <u>Last will and Testament</u>, ist ebenso für den Fall einer Unterbrechung der Verbindung geeignet. Hier kann der Client eine „Last-Will-Message" abgeben und im Falle einer Unterbrechung sendet der Broker diese Message an alle subskribierten Clients weiter. [19]

- ❖ Uvm.

2.2.1 QoS

Quality of Service, kurz QoS, ist eine Qualitätsklasse eines Kommunikationskanals. Das QoS-Level gibt an, mit welcher Garantie eine Message beim Empfänger Client ankommt. Derzeit gibt es 3 QoS-Level. [21]

- Höchstens einmal (Level 0)
- Mindestens einmal (Level 1)
- Genau einmal (Level 2)

<u>QoS 0 – Höchstens einmal</u>

Dieser Level ist der niedrigste und er garantiert keine Lieferung. Der Empfänger bestätigt keinen Eingang, sowie der Client die Nachricht nicht speichert.

Abbildung 7: QoS 0 – Signalflüsse [21]

<u>QoS 1 – Mindestens einmal</u>

Bei diesem Level wird garantiert, dass die Nachricht mindestens einmal an den Empfänger zugestellt wird. Die Nachricht wird solange vom Sender gespeichert, bis der Empfänger ein PUBACK Paket verschickt, welches den Empfang der Message bzw. Nachricht bestätigt. Auch eine Mehrfachzustellung ist hier möglich.

Abbildung 8: QoS 1 – Signalflüsse [21]

QoS 2 – Genau einmal

QoS 2 ist die sicherste, aber auch langsamste Qualitätsklasse. Hier wird garantiert, dass jede Nachricht nur einmal an die entsprechenden Empfänger gesendet wird. Diese Variante wird vor allem dann verwendet, wenn man auf keine Nachricht verzichten kann, es aber gleichzeitig nur einmal ankommen darf. Wie in nachfolgender Abbildung ist der Ablauf wie folgt. Nachdem der Client eine Nachricht mit dem QoS Level 2 PUBLISHED empfängt, bestätigt der Empfänger den Empfang der Nachricht mit einer PUBREC Nachricht. Der Sender wiederum, der nun Kenntnis über den Empfang hat, deaktiviert die Wiederholung und bestätigt mit der Nachricht PUBREL, dass der Übertragungsvorgang nun abgeschlossen ist. Mit PUBCOMP quittiert der Empfänger dem Sender zuletzt die Beendigung des Vorgangs und speichert gegebenenfalls Transaktionen. Aufgrund dieser Overheads der drei Pakete PUBREC, PUBREL und PUBCOMP, ist mit einer kleinen Netzbelastung zu rechnen.

Abbildung 9: QoS 2 – Signalflüsse [21]

2.2.2 Topic Wildcards

Wie vorher bereits erwähnt, erfolgt die Kommunikation unter den Automobilen über den Broker, indem sich alle interessierten Clients für die jeweiligen Topics „subscriben". Diese kann man genauso jederzeit wieder „unsubscriben", um die Nachrichten nicht mehr länger zu erhalten. Da es ja nach Themengebiet viele untergeordnete Topics geben kann, gibt es die Möglichkeit der Gruppierung der Topics, nämlich die Single-Level-Wildcards (+) und die Multi-Level-Wildcards (#). [22]

„Die Single-level-Wildcard ersetzt ein Element eines Topics durch eine Wildcard, sprich: Ein Subscriber zum topic „5OG/+/Temperatursensor/Temperatur" würde alle Nachrichten erhalten, die den drei angegebenen Leveln entsprechen, ungeachtet der Wildcard. Nachrichten zu beispielsweise „5OG/Zimmer2/Temperatursensor/Temperatur" oder „5OG/Flur/Temperatursensor/Temperatur" würden jetzt empfangen werden.

„Die Multi-level-Wildcard ersetzt die ganze folgende Baumstruktur. Eine Subscription zum Topic „5OG/#" würde absolut alle Nachrichten empfangen, die mit „5OG/" beginnen, auch z.Bsp „5OG/Flur/Tischkicker/Schummelmodul/Status"

Wildcards lassen sich beliebig kombinieren, beispielsweise „+/+/Temperatursensor/#" für alle Temperatursensor-Daten aus allen Stöcken und Zimmern." [22]

2.2.3 MQTT-Version 5

Aufgrund der Einfachheit der Implementierung, sowie eines der größten Vorteile von MQTT, nämlich die bandbreitenschonende Push-Kommunikation ist das Protokoll seit der Entwicklung vielfach in allerlei Anwendungen vorhanden. Durch die vielen Projekteinsätze haben sich dementsprechend in den Jahren einige Anforderungen herauskristallisiert, die mit der neuen Version 5 abgedeckt werden sollen. Die neue Version gibt es seit Januar 2018. Ein Update von MQTT 3.1.1 auf Version 5 sollte Dank der Kompatibilitätsschicht, die die meisten Broker anbieten, kein Problem sein. Bestehende Funktionalitäten wurden in der neuen Version erweitert, wie zum Beispiel:

- ❖ Key Value Header für MQTT Pakete, somit kann das Nachrichtenprotokoll auf eigene Bedürfnisse angepasst werden.
- ❖ Negative Acknowledgements, informiert beim Verbindungsabbruch, warum eine Unterbrechung stattfand oder eine Aktion abgelehnt wurde. Vorher wurde die Verbindung einfach nur abgebrochen (weil z.B. ein Client keine Berechtigung für ein bestimmtes Topic hat).
- ❖ Zudem können Clients nun gewollt die Verbindung zum Broker trennen. Dies geschieht mit dem verschicken des DISCONNECT- Paketes. [23]

Die wichtigsten und vor allem ganz neuen Features bei MQTT 5 sind folgende:

- ❖ Shared Subscription (Aufteilen des Nachrichtenstroms auf mehrere Clients)
- ❖ Session Expiry (Broker kann Session für den Client festlegen und bei Abbruch, nach Neuverbindung wieder alle Nachrichten überliefern)
- ❖ Message Expiry (Publisher kann maximale Gültigkeitsdauer der Message festlegen) [23]

Für die nächsten Schritte ist für diese Arbeit die Session und Message Expiry interessant. Beim Session Expiry könnte der Broker zum Beispiel festlegen, bis zu welcher Position der Client überhaupt verbunden sein muss. Nach Überschreiten dieser festgelegten Entfernung sollte die Session abgebrochen werden, da das Fahrzeug nur unnötig Ressourcen benötigt. Außerdem folgen neue Ampel und RSUs (also Broker) die sich auch wieder neu verbinden. Das Gleiche gilt für die Message Expiry, zum Beispiel bei einer Staumeldung. Hier kann man eine maximale Gültigkeit angeben um nicht unnötig lange Ressourcen zu belegen.

2.2.4 MQTT – Echtzeit - Erweiterungen

Wie im Kapitel zuvor beschrieben bietet die Version 5 einige wichtige und nutzvolle Erweiterungen des Protokolls. Leider zählt hierzu noch immer nicht die Echtzeitfähigkeit. Aus einer vorherigen wissenschaftlichen Arbeit, welche sich mit dem Thema Echtzeit in MQTT beschäftigt, ist zu entnehmen, dass durch eine Erweiterung des Protokolls mit der „Jitter-Free"-Klasse eine synchrone Auslieferung der Nachrichten möglich ist. Hierzu ist eine gemeinsame Zeitbasis nötig die mit dem Network Time Protocol realisiert werden könnte. [24] Eine synchrone Auslieferung bedeutet allerdings nicht, dass das System unter

Echtzeitbedingungen arbeitet und somit auch unter harten, weichen oder festen Echtzeitbedingungen bestimmte Kriterien erfüllen kann. In einer weiteren wissenschaftlichen Arbeit wird mit einer anderen Methode versucht das Protokoll echtzeitfähig zu gestalten bzw. nachzurüsten. Hier wird versucht mit einer neuen QoS-Klasse 3 und dem zeitkritischen Nachrichtensystem (critical message transmission system) Nachrichten innerhalb bestimmter Fristen auszuliefern, welches bisher auch positive Ergebnisse lieferte. [41] Dieser Ansatz wäre eventuell eine gute Möglichkeit für zukünftige Weiterentwicklungen und Projekte mit MQTT. Wie man sieht besteht bezüglich der Echtzeitfähigkeit noch viel Optimierungsbedarf.

Unter Echtzeit versteht man auf den ersten Blick nur die Schnelligkeit. Das trifft aber nicht zu, zumindest nicht ganz, denn Echtzeitfähigkeit umfasst mehrere Kriterien die erfüllt sein müssen, nämlich:

- ❖ *„Rechtzeitigkeit*
- ❖ *Verfügbarkeit*
- ❖ *Gleichzeitigkeit" [36]*

Rechtzeitigkeit ist eines der Kerneigenschaften von Echtzeitsystemen. Zusammen mit der Verfügbarkeit und der Gleichzeitigkeit ist damit gemeint, dass ein Echtzeitsystem auf jegliche Ereignisse und Aktionen die auftreten jederzeit und egal unter welchen Bedingungen reagieren und antworten muss. [36]   Echtzeitfähigkeit wird abhängig von den Folgen eingeteilt in weiche- (soft real –time system), feste (firm real-time system) und harte Echtzeitfähigkeit (hard real-time system). Ein hartes Echtzeitsystem ist es ein System, dessen Überschreitung erhebliche Folgen mit sich bringt und die Nichteinhaltung der Deadlines nicht akzeptierbar ist. [37] Dazu gehören auch alle Situationen im Straßenverkehr, denn wenn hier diese Bedingungen nicht eingehalten werden, hat dies primär Folgen für die Gesundheit der Menschen. Bei weichen Systemen hingegen, ist zwar ein Überschreiten der Deadline nicht gewünscht, wäre aber nicht gleich mit einer katastrophalen Folge verbunden. Man kann die Reaktionszeit hier auch als Richtlinie betrachten. Bei festen Echtzeitbedingungen ist das Überschreiten der Deadline zwar kein Fehler, dennoch ist das Ergebnis bzw. die Information danach nutzlos. [40]

3. Qualitative Evaluierung des Einsatzes von MQTT in V-2-X

3.1 Annahmen und Voraussetzungen

Um eine Funkkommunikation zwischen den Fahrzeugen mittels MQTT herzustellen ist ein geeigneter Mikrocontroller vonnöten. Hierzu gibt es viele Möglichkeiten.

Da in dieser Arbeit aber speziell für das Fahrzeug und somit hardware-beschränkte Ressourcen dominieren, sollten die dementsprechenden Anforderungen genauer betrachtet und demnach die Auswahl des geeigneten Mikrocontrollers gewählt werden. In einem modernen Fahrzeug sind heutzutage bis zu 100 Steuergeräte verbaut. Aufgrund dessen sind die wichtigsten Kriterien an die Mikrocontroller unter anderem die Speichereffizienz, geringe Kosten, Leichtgewichtigkeit sowie Strom sparende Eigenschaften. [25]
Hierzu ist ein Raspberry PI sehr gut geeignet, da es all diese Kriterien erfüllt. Der PICAN 2 wäre hier eine Erweiterung und eine gute Möglichkeit, da dieser dem Raspberry PI die gesamte CAN-Bus Fähigkeit verleiht. Der PICAN 2 verwendet den CAN-Controller MCP2515 von Microchip und den CAN-Transceiver MCP2551. [26]
Somit hätte man schon einmal das Grundgerüst im Fahrzeug, um die Kommunikation zu gewährleisten. Auf die einzelnen technischen Details sowie den Aufbau der Verbindung wird hier nicht weiter eingegangen.
Wie bereits im Kapitel zuvor beschrieben ist eine weitere wichtige Bedingung für den Gebrauch von MQTT im Straßenverkehr ist die Echtzeitfähigkeit. Echtzeit wird unterteilt in harte und weiche Echtzeitbedingungen. Da im Straßenverkehr keine Risiken oder Verzögerungen von Nachrichten akzeptiert werden kann, muss das System meistens unter harten Echtzeitbedingungen arbeiten.

3.2 Vehicle – 2 – X Use Cases

Mit steigender Komplexität von Fahrzeugfunktionen, sowie zunehmender Bedeutung von autonom fahrenden Automobilen, steigen auch mögliche use cases die im Straßenverkehr auftreten können. Neben der safety application, welche hauptsächlich für die Unfallvermeidung steht, gibt es ebenso die non safety application. In nachfolgender Tabelle wird primär eine Menge von safety Anwendungen betrachtet. Deswegen folgen am Ende der Tabelle, drei weitere use cases (Nr.20-22). Diese beinhalten ein Beispiel aus den Infotainment Anwendungen, welches zu den non safety Anwendungen gehört, ein Beispiel aus Vehicle-2-Pedestrian Anwendungen und ein letztes welches auch als eine safety Anwendung gilt, die See trough Anwendung.

Safety Application	Communication type	Traffic information	Transmit mode	Latency (ms)	Comm. range (m)
1) Traffic Signal violation warning	Infrastructure-to-vehicle	Traffic signal status and timing; pedestrian cross	Periodic	~100	≤ 250
2) Left turn assistant	Vehicle-to-infrastructure Infrastructure-to-vehicle	Traffic signal status and timing; vehicle position, speed, heading; intersection road shape	Periodic	~100	≤ 300
3) Stop sign movement assistance	Vehicle-to-infrastructure Infrastructure-to-vehicle	Vehicle position, heading, speed	Periodic	~100	≤ 300
4) Intersection collision warning	Vehicle-to-vehicle	Vehicle position, heading, speed; turn signal status	Event-driven	~100	≤ 300
5) Blind merge warning	Infrastructure-to-vehicle	Vehicle position, speed, heading	Periodic	~100	≤ 200
6) Pedestrian cross information at designated intersections	Infrastructure-to-vehicle	Pedestrian detection and crossing	Periodic	~100	≤ 200
7) Cooperative collision warning	Vehicle-to-vehicle	Vehicle-position, speed, heading, acceleration	Periodic	~100	≤ 150
8) Emergency electronic brake lights	Vehicle-to-vehicle	Vehicle position, speed; deceleration	Event-driven	~100	≤ 300
9) Highway merge assistant	Vehicle-to-Vehicle	Vehicle position, heading, speed; vehicles in merge path	Periodic	~100	≤ 250

Information from other vehicle	10) Blind spot warning	Vehicle-to-Vehicle	Vehicle position, heading, speed	Periodic	~100	≤ 150
	11) Pre-cash sensing	Vehicle-to-vehicle	Safety sensor coordination on seatbelts, airbags, pre-arming	Event-driven	~20	≤ 50
	12) Transit vehicle signal priority	Vehicle-to-vehicle	Vehicle position, heading, speed	Event-driven	~1000	≤ 1000
	13) Cooperative vehicle-highway automation systems (platoon)	Vehicle-to-vehicle Vehicle-to-infrastructure	Vehicle headway distance, position, speed; coordinated platoon maneuvers	Periodic	~20	≤ 100
	14) Cooperative adaptive cruise control	Vehicle-to-vehicle	Vehicle headway distance, vehicle cut-in	Periodic	~100	≤ 150
Public Safety	15) Approaching emergency vehicle warning	Vehicle-to-Vehicle	Emergency vehicle right of way yield	Event-driven	~1000	≤ 1000
	16) Post-crash warning	Vehicle-to-infrastructure Vehicle-to-vehicle	Disabled vehicle due to crash or mechanical breakdown	Event-driven	~500	≤ 300
Sign extension	17) In vehicle signage	Infrastructure-to-vehicle	Signage typically conveyed by traffic signs (e.g. school zone, speed limit)	Periodic	~1000	≤ 200
	18) Curve Speed Warning	Infrastructure-to-vehicle	Curve location, curve speed, limits, curvature, road surface condition	Periodic	~1000	≤ 200
	19) Work zone wWarning	Infrastructure-to-vehicle	Distance to work zone, road closure, reduced speed limit	Periodic	~1000	≤ 300

Safety Application	Communication type	Traffic information	Transmit mode	Latency (ms)	Communication range (m)
20) Infotainment applications (ortsbezogene Funktionen)	Infrastructure-to-vehicle Vehicle-to-vehicle Vehicle-to-Pedestrian	No Information about other cars required, but of places for example restaurants, petrol stations and routing protocols	Event-driven	~500	////////
21) Vehicle-2-Pedestrian applications (live Ortung)	Vehicle-2-Pedestrian	in this case live GPS localization	Event-driven	In this case no impor-tance, in safety cases: ~100	////////
22) See Trough [35]	Vehicle-to-vehicle	Distance to front vehicle, other vehicles or obstacles in front of the front vehicle via video sharing	Event-driven	~50	≤100

Tabelle 1: "Vehicular safety applications: communication requirements and traffic information."[27]

Wie bereits zuvor erwähnt kommunizieren Publisher und Subscriber nicht über direkte IP-Adressen, sondern über den Broker. Damit nun jedes Fahrzeug und Infrastrukturelement in die Kommunikation miteingebunden ist, müssten sich zu Beginn alle Fahrzeuge über Topics für die jeweiligen use case-topics abonnieren bzw. subscriben. Zudem ist wichtig zu wissen, dass ein Client zugleich Subscriber als auch Publisher sein kann. [28] Nachfolgend werden einige der use cases aus obiger Liste einzeln betrachtet. Hierbei wird überprüft auf Realisierbarkeit von MQTT mit einem Beispiel Topic Tree im use case 1). Zusätzlich werden in den Skizzen die jeweiligen Publisher, Subscriber und Broker gekennzeichnet.

Abbildung 10: Kennzeichnungsfarben

Weitere Anmerkungen um die nachfolgenden use case Bewertungen besser nachvollziehen zu können:

Die Abkürzung RSU steht für Road Side Unit. Diese sind alle Infrastrukturelemente, wie z.B. Ampel oder Verkehrszeichen. Das sind auch immer die Broker bzw. Server. Außerdem wird der Begriff „Statusinformationen" in jedem use case verwendet. Diese Informationen beinhalten die Geschwindigkeit, die Beschleunigung sowie die aktuelle Position des Autos (GPS). Die Numerierungen in den Tabellen mit 1), 2), 3) usw. beschreiben die Reihenfolge des Ablaufs der Kommunikation. Ebenso die Beschriftungen mit 1,2,3 auf den visuellen Darstellungen beziehen sich ebenso auf die Kommunikationsreihenfolge, wie sie in der Tabelle beschriftet sind. Spezielle Konfigurationsoptionen die nachfolgend genannt werden, werden bereits vorher bei den Grundlagen zu MQTT bereits erklärt. Rot gestrichelte Markierungen verdeutlichen die Spurrichtung des jeweiligen RSU.

Außerdem noch die Definitionen der drei wichtigen Parameter, die auch in obiger Liste aufzufinden sind.

Transmit Mode (Übertragungstyp) kann entweder periodisch sein, also durch ständiges Austauschen von Informationen in bestimmten Zeitperioden (z.B. im Sekundentakt, alle 30 sec usw.) oder ereignisgesteuert. Bei ereignisgesteuerten Übertragungstypen subscriben sich die Fahrzeuge bzw. Fußgänger nur dann für bestimmte Informationen oder Warnungen, wenn eine bestimmte Handlung durchzogen werden möchte. Ein Beispiel dafür wäre ein Überholmanöver, sowie es bei use case Nr.22 auch der Fall ist.

Latency (Latenz) ist die Zeit die man benötigt um Informationen von einem Punkt zum anderen zu senden. In unserem Fall, von Fahrzeug A zu Fahrzeug B, wird daher auch oft als die Verzögerungszeit bezeichnet. [42]

Communication range (Kommunikationsreichweite) ist die Entfernung, die maximal zwischen Sender und Empfänger sein darf. [35]

Topic Tree:

In den nachfolgenden use cases schauen die Topic Trees teilweise gleich aus, vor allem was die Statusinformation angeht, da jede RSU (Broker bzw. Server) erst einmal Kenntnis über den sich nähernden Fahrzeugen benötigt, um dann jedes weitere Vorgehen einleiten zu können. Daher wird auf die Topic Trees in den nächsten use cases nicht weiter eingegangen. Es würde sich lediglich die auf der rechten Seite befundenen Informationen bzw. die Warnungen je nach Anwendungsfall ändern. So würde ein möglicher Topic Tree aussehen:

Abbildung 11: allgemeiner Topic-Tree

1) App Kategorie: Intersection collision avoidance

Use Case Bezeichnung Nr.1: Traffic signal violation warning

Use case Beschreibung	Bevorstehendes Warnsignal (Ampel usw.) wird dem Fahrer am Display frühzeitig ab einer bestimmten Entfernung angezeigt, um Verkehrsstöße und Unfälle zu vermeiden. Jedes Warnsignal hat eine entsprechende Spurrichtung an die die Signale gesendet werden.
MQTT einsetzbar?	Ja
Möglicher Ablauf der Kommunikation	1) PUBLISH Statusinformationen 2) SUBSCRIBE für Warnung 3) Broker (RSU) übermittelt seinen Inhalt bzw. die Warnung (Ampel gelb, rot, etc.)
Konfiguration/ QOS-Level der Messages	• **QoS-Level 1** beim Publishen und Subscriben, hier wird eine Zulieferung versichert. Auch eine Mehrfachzustellung ist möglich, würde hier aber kein Problem darstellen. (QoS 0 garantiert keine Zustellung, daher hier zu riskant. QoS 2 liefert zwar genau einmal, ist aber dafür langsamer und hat viel Protokoll-Overhead.) • **Last will and Testament** (bei Verbindungsabbruch sendet der Broker an alle subskribierten Teilnehmer die Nachricht trotzdem aus) • **Session Expiry** (Session läuft ab, nachdem man an der Ampel/Stop Schild etc. bereits vorbeigefahren ist) • **Message Expiry** (Publisher gibt maximale Gültigkeit seiner Statusinformation mit)
Weitere Anforderungen	• Periodisches Senden und Empfangen von Informationen (siehe Abb.10). Hier müsste eine Zeit festgelegt werden. Zum Beispiel im Sekundentakt, oder alle 3sec. • Latenz von ca. 100 ms -> harte Echtzeitfähigkeit, denn wenn das Fahrzeug RSU1 nicht wahrnimmt und weiterfährt, muss RSU1 an die anderen RSUs (RSU 2-4) die Warnungen ebenso weiterleiten, damit die anderen Fahrzeuge auf deren Zuständigkeitsspur schnellstmöglich informiert werden und eine Kollision an der Kreuzung verhindert wird. • Per Geocasting an alle Fahrzeuge senden, die bis zu 250m entfernt und auf der betroffenen Spur sind. Jede RSU hat „zuständige" Spur. (siehe Abb.10)

Tabelle 2: Traffic signal violation warning

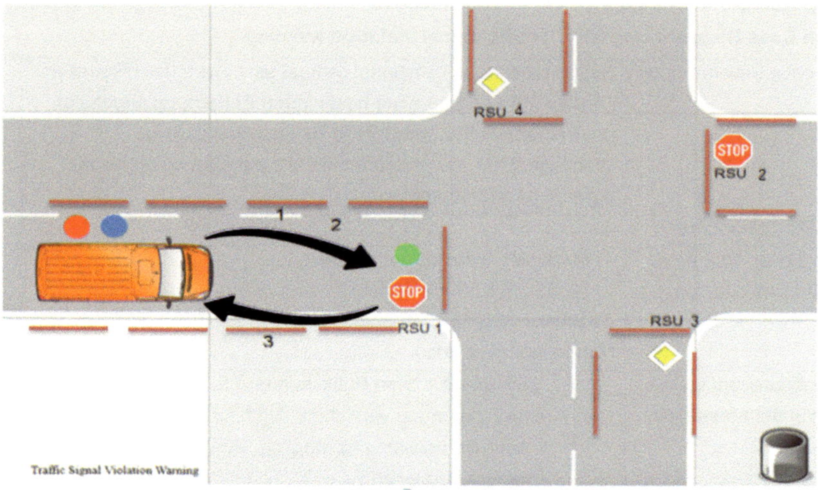

Abbildung 12: Traffic signal violation warning

2) App Kategorie: Intersection collision avoidance
Use Case Bezeichnung Nr.2: Left turn assistant

Use case Beschreibung	Unterstützung an Kreuzungen für Linksabbieger, um mögliche Konflikte mit dem Gegenverkehr zu verhindern. Hierzu überprüft RSU, ob Gegenverkehr vorhanden ist, falls ja verschickt es die Warnung an den sich nähernden Linksabbieger.
MQTT einsetzbar?	Ja
Möglicher Ablauf der Kommunikation	1) PUBLISH Statusinformationen 2) SUBSCRIBE für potenzielle Gefahr im Gegenverkehr/ Warnung 3) Broker (RSU) übermittelt Warnung an beide Fahrzeuge, aber NUR falls Kollisionsgefahr besteht
Konfiguration	• Mit QoS1(Begründung siehe use case Nr.1) • **Last will and Testament** (Begründung siehe use case Nr.1) • **Session Expiry** (Begründung siehe use case Nr.1) • **Message Expiry** (Begründung siehe use case Nr.1)
Weitere	• Periodisches Senden und Empfangen der

Anforderungen	Informationen. -> Periodenfestlegung
	• Latenz von ca. 100ms -> harte Echtzeitfähigkeit, da im Falle der Nichteinhaltung der Warnungen, ebenso die Gefahr einer Kollision beim Linksabbiegen besteht • Per Geocasting an alle Fahrzeuge senden, die bis zu 300m entfernt und auf der betroffenen Spur sind. Jede RSU hat „zuständige" Spur. (siehe Communication Range)

Tabelle 3: Left turn assistant

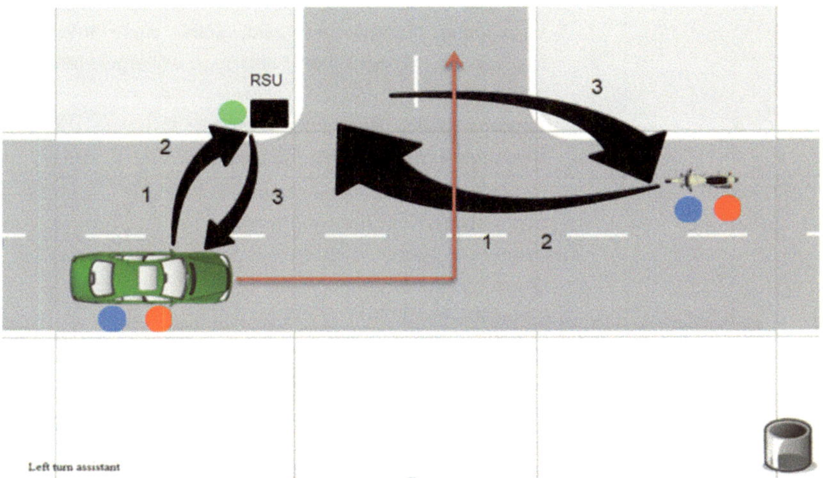

Abbildung 13: Left turn assistant

3) App Kategorie: Intersection collision avoidance

Use case Nr.3: Stop sign movement assistance

Use case Beschreibung	Stop Schild wird frühzeitig auf dem Display angezeigt, zusätzlich wird von dieser RSU gemessen, ob Fahrzeug noch rechtzeitig stehen bleibt, wenn nicht wird es abgebremst.
MQTT einsetzbar?	ja
Möglicher Ablauf der Kommunikation	1) PUBLISH Statusinformationen 2) SUBSCRIBEN für Warnung und Bremsen 3) RSU übermittelt Stop Warnung 4) RSU übermittelt Bremseinleitung
Konfiguration	• Mit QoS 1(Begründung siehe use case Nr.1) • **Last will and Testament** (Begründung siehe Nr.1, falls das Stopp Schild nicht beachtet wird, aber Verbindung unterbrochen wird, sollte diese Info trotzdem an die restlichen Fahrzeuge weitergeleitet werden.) • **Session Expiry** (Begründung siehe Nr.1) • **Message Expiry** (Begründung siehe Nr.1)
Anforderungen	• Periodisches Senden und Empfangen der Informationen → Periodenfestlegung • Latenz ca. 100ms -> harte Echtzeitfähigkeit, da ein Unfall geschehen kann, wenn Stopp Schild einfach ignoriert wird • Per Geocasting an alle senden, die bis zu 300m entfernt und auf der Zuständigkeitsspur der RSU liegen. Weiteres: RSU ermittelt anhand Sensordaten, ob Fahrzeug langsamer wird, falls nicht, wird die Warnung für die Bremseinleitung verschickt an die On Board Unit, die dann die Bremseinleitung im Fahrzeug aktivieren soll. (fast identischer Vorgang wie bei use case Nr.1), nur dass hier zusätzlich im Notfall gebremst wird.

Tabelle 4: Stop sign movement assistance

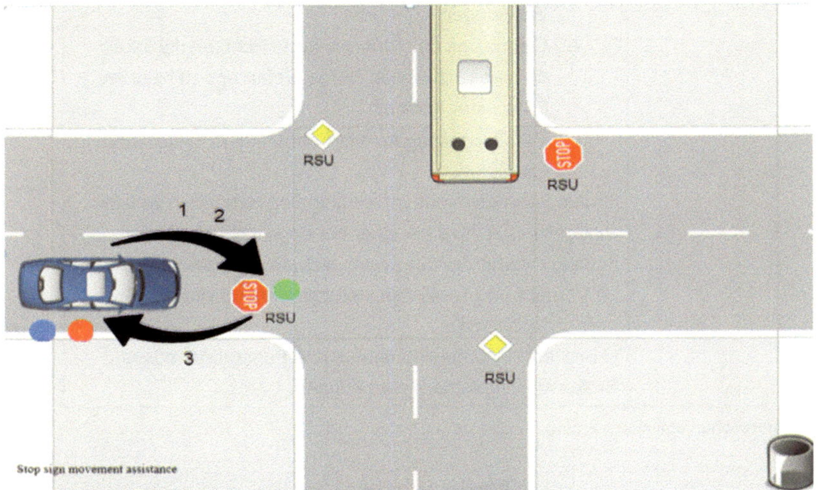

Abbildung 13: Stop sign movement assistance

4) **App Kategorie**: Intersection collision avoidance

   Use case Nr.4: Intersection collision warning

Use case Beschreibung	Fahrzeuge tauschen ständig Statusinformationen miteinander aus, um Kollisionen zu verhindern.
MQTT einsetzbar?	Ja, aber nur unter bestimmten Voraussetzungen
Möglicher Ablauf der Kommunikation	Publish Statusinformationen Subscribe für Statusinformationen →Aufgrund der ständigen Kommunikation unter den Fahrzeugen, müsste jedes Fahrzeug Broker Subscriber und Publisher zugleich sein. Somit besteht aber die Gefahr, dass sobald ein Broker ausfällt, die gesamte Kommunikation einbricht. Man könnte auch wieder nur einen Broker haben der in einem Fahrzeug integriert ist. Im laufenden Verkehr ist es aber schwierig zu entscheiden, wer nun Broker ist und wie der Ablauf gestaltet wird. →Brokerzuteilungsalgorithmus notwendig, dann wäre der Einsatz von vehicle-to-vehicle möglich!
Konfiguration	• Mit **QoS1** (Begründung siehe use case Nr.1)
Anforderungen	• Event driven Nachrichten (siehe Abb.10), bedeutet nur im Falle einer Kollision, zu naher Annäherung oder sonstigen möglichen Gefahren werden

	Warnungen versendet. • Latenz von ca. 100ms ->harte Echtzeitgfähigkeit, da hier auch wieder hoher Gefahrenpotenzial im Falle einer Kollision • Per Geocasting an alle Fahrzeuge in Entfernung von 300m. . Broker könnten eventuell miteinander verbunden werden (bridgen). [22] Wird bei einer hohen Anzahl aber sehr komplex, außerdem bewegen sich die Fahrzeuge ständig im Verkehr und somit müssten immer neue Broker neu verbunden werden. →Brokerzuteilungsalgorithmus und Fahrzeuge müssen Brokerrolle implementieren können.

Tabelle 5: Intersection collision warning

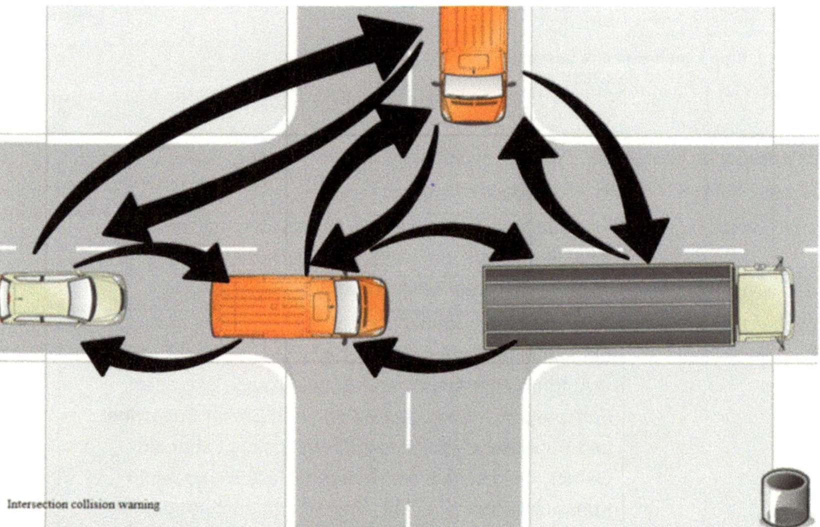

Abbildung 14: Intersection collision warning

5) App Kategorie: Intersection collision avoidance

Use case Nr.5: Blind merge warning

Use case Beschreibung	Warnung von RSUs an die Fahrer, wenn Autobahnen oder Fahrspuren miteinander verschmelzen. Position des Fahrzeugs wird kontinuierlich überwacht und bei Wechsel der Fahrspur gewarnt. [29]
MQTT einsetzbar?	Ja
Möglicher Ablauf der Kommunikation	1) PUBLISH Statusinformation 2) SUBSCRIBE für Warnung im Bedarfsfall 3) RSU übermittelt Warnung, sobald Fahrbahnen verschmelzen
Konfiguration	• mit **QoS 1** (Begründung siehe Nr.1) • **Session Expiry** (Begründung siehe Nr.1) • **Message Expiry**(Begründung siehe Nr.1)
Anforderungen	• Periodisches Senden der Nachrichte bis zu dem Zeitpunkt an dem beide Fahrzeuge erfolgreich hintereinander auf der gemeinsamen Spur fahren und keine Kollision stattgefunden hat. ->Periodenfestlegung • Latenz ca. 100ms ->harte Echtzeitfähigkeit, da sonst beim Verschmelzen die Fahrzeuge zusammen kollidieren. • Senden der Informationen an alle Fahrzeuge binnen 200m.

Tabelle 6: Blind merge warning

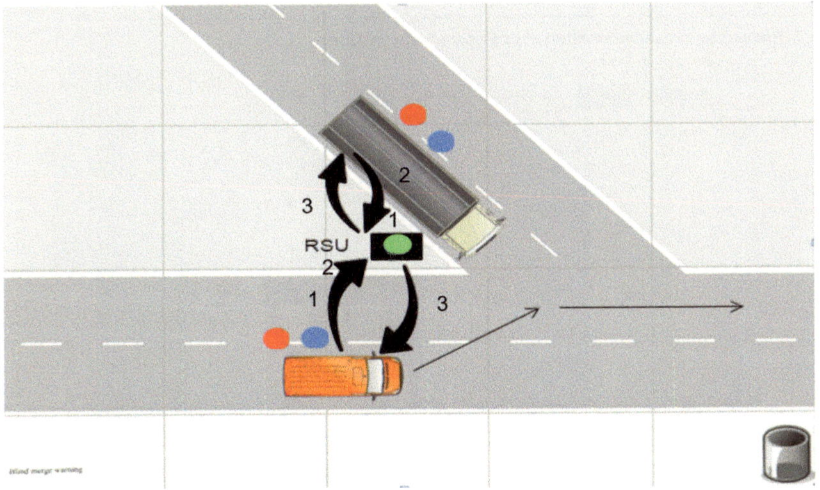

Abbildung 15: Blind merge warning

6) App Kategorie: Intersection collision avoidance

Use case Nr.6: Pedestrian cross information at designated intersections

Use case Beschreibung	Information für den Fahrer, ob sich Fußgänger, Fahrradfahrer, Kinder etc. an der sich nähernder Kreuzung befinden. Falls ja, also die RSU etwas wahrnimmt, wird eine Warnung an die Fahrzeuge weitergeleitet.
MQTT einsetzbar?	Ja
Möglicher Ablauf der Kommunikation	1) PUBLISH Statusinformation 2) SUBSCRIBEN für Info über mögliche Fußgänger 3) RSU überprüft anhand Sensoren ob sich an der Kreuzung Fußgänger befinden 4) wenn ja, wird Message an die betroffenen Fahrzeuge versendet
Konfiguration	mit **QoS1** (siehe Begründung use case Nr.1) **Session Expiry** (siehe Begründung use case Nr.1) **Message Expiry** (siehe Begründung use case Nr.1)
Anforderungen	• Periodisches Senden der Informationen für plötzlich auftretende Gefahren, wie Kinder auf der Straße usw. ->Periodenfestlegung • Latenz ca. 100ms ->harte Echtzeitfähigkeit, da sonst Menschen gefährdet werden (ohne Schutz wie im Fahrzeug) äußerst sicherheitskritisch • Per Geocasting an alle Beteiligten innerhalb von 200m Entfernung. • RSUs haben wieder Zuständigkeitsspuren die sie überwachen.

Tabelle 7: Pedestrian cross information at designated intersections

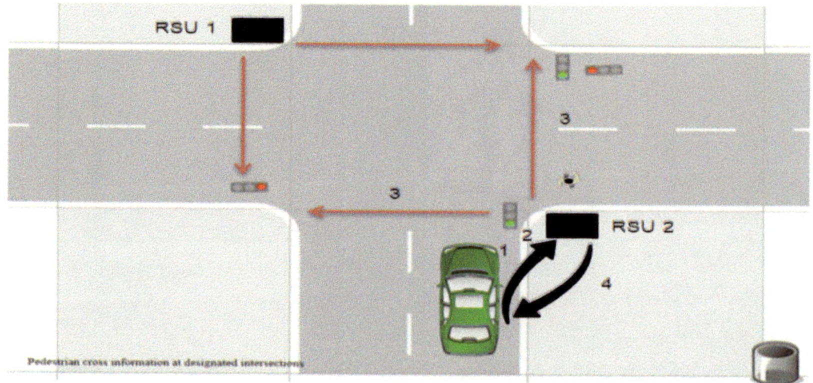

Abbildung 16: Pedestrian cross information at designated intersections

Wie auch bereits use case Nummer 4 sind die nachfolgenden, ebenso rein vom Kommunikationstypen „vehicle to vehicle" (use case **7-12**, sowie **14,15** und **20**). Man kann nicht allgemein aussagen, dass in diesen Anwendungen MQTT nicht sinnvoll ist, aber mit einer RSU Einheit wäre der Einsatz durchaus einfacher.

Im folgenden sind 3 Beispiele dargestellt um die Problematik besser verständlich zu machen. Hier tauschen Fahrzeuge ständig Informationen direkt untereinander aus. Wie bereits im use case Nr.4 kurz angedeutet gibt es hierfür 2 Möglichkeiten.

Möglichkeit 1: Es ist **jedes Fahrzeug Publisher, Subscriber und Broker.**

Ablauf der Kommunikation: Fahrzeuge subscriben sich für alle Informationen, die die Fahrzeuge innerhalb bestimmter Reichweite und auf der richtigen Spur beinhalten. Somit wären alle Fahrzeuge miteinander vernetzt.

Anforderungen: Algorithmen um zu entscheiden für wie viele und welche Topics von welchen Fahrzeugen man sich alles subscribed.

Diese Möglichkeit ist eher ungeeignet wenn man bedenkt, dass bei extrem vielen Broker sehr hohe Datenlasten verkehren. Zudem könnte die gesamte Kommunikation einbrechen wenn eines der Broker abbricht.

Möglichkeit 2: Es gibt einen zentralen Broker der nur in einem Fahrzeug und nicht in allen implementiert ist.

Ablauf der Kommunikation: Fahrzeuge subscriben sich für Topics an einem Fahrzeug. Dieser sollte allerdings die wichtigen Informationen auch beinhalten, der Broker muss also sinnvoll ausgesucht werden und es besteht die Anforderung nach einem Brokerzuteilungsalgorithmus.

Diese Möglichkeit ist sinnvoller als die Möglichkeit 1, da damit weniger Risiken verbunden ist.

Nachfolgend werden die nächsten use case Beispiele dargestellt.

Mit Möglichkeit Nr.1 für vehicle-to-vehicle communication:

7) App Kategorie: Information from other vehicle

    Use case Nr.7: Cooperative collision warning

Use case Beschreibung	Der Umgebungsverkehr wird durch Entfernungsmessradaren, sowie Videobildschirm beobachtet. Bei schneller Näherung eines Fahrzeugs, werden alle bedrohten Fahrzeuge gewarnt um Kollisionen zu vermeiden. Im Falle einer nicht vermeidbaren Kollision können die Folgeschäden durch Reduzierung der Geschwindigkeit und des Bremsweges minimiert werden. [30]
MQTT einsetzbar?	Ja, aber nicht sinnvoll + bestimmte Voraussetzungen(siehe weiter unten)
Möglicher Ablauf der Kommunikation	1) PUBLISH Statusinformationen 2) SUBSCRIBE für Warnung 3) jedes Fahrzeug(Broker) übermittelt seinen Inhalt bzw. die Warnung (Position falls zu schnelle Annäherung usw.)
Konfiguration/ QOS-Level der Messages	• **QoS-Level 1** (Begründung siehe use case Nr.1) Weitere Konfigurationen: • **Last will and Testament** (bei Verbindungsabbruch sendet der Broker an alle subskribierten Teilnehmer die Nachricht trotzdem aus) • **Session Expiry** (Session läuft ab, nachdem man bestimmte Entfernung vom Fahrzeug entfernt ist) • **Message Expiry** (Publisher gibt maximale Gültigkeit seiner Statusinformation mit)
Weitere Anforderungen	• Periodisches Senden der Informationen, ->Periodenfestlegung • Latenz 100ms -> harte Echtzeitfähigkeit • Per Geocasting Versenden der Informationen an alle Fahrzeuge auf der richtigen Spur innerhalb von 150m. • Algorithmen zur Bestimmung an welche Fahrzeuge man sich alles subscriben soll um nicht unnötig Ressourcen zu verbrauchen.

Tabelle 8: Cooperative collision warning

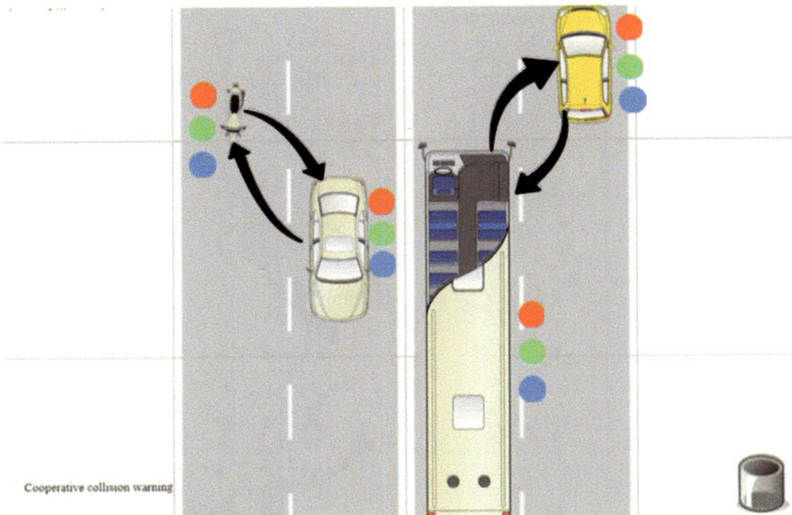

Abbildung 19: Cooperative collision warning

8) App Kategorie: Information from other vehicles

   Use Case Nr.8: Emergency electronic brake lights

Fahrer wird vor einem starken Bremsereignis im Voraus gewarnt. Zusätzlich wird auch die selbst erzeugte Notbremsung an die umliegenden Fahrzeuge übertragen [31]
(Ablauf und Konfiguration ist gleich wie bei use case Nr.7)

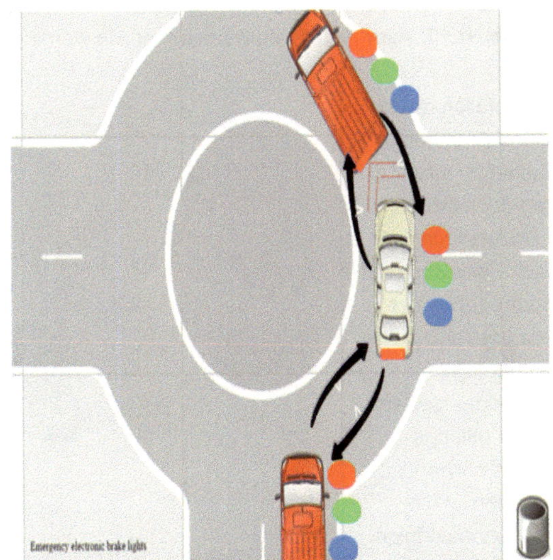

Abbildung 17: Emergency electronic brake lights

9) App Kategorie: Information from other vehicles

Use case Nr.9: Highway merge assistant

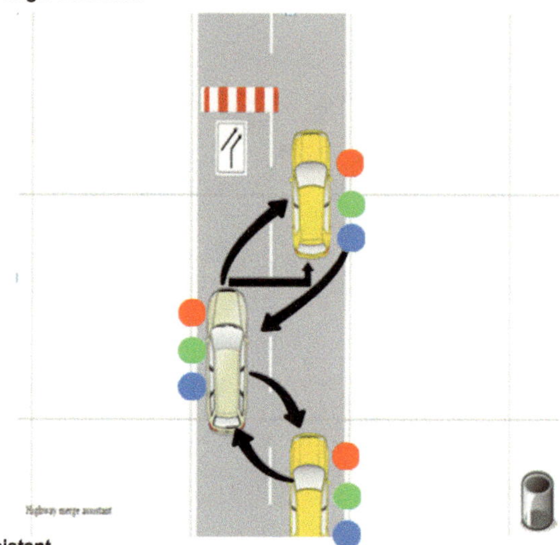

Warnungen an den Fahrer von vor- und nachfahrenden Fahrzeugen, wenn Autobahnen oder Fahrspuren miteinander verschmelzen. (Darstellung der 1.Möglichkeit, also das jedes Fahrzeug Pub, Sub und Broker ist)

Abbildung 18: Highway merge assistant

Nun das Beispiel mit Möglichkeit Nr.2 (zentraler Broker)!

15) App Kategorie: Public safety

Use case Nr.15: Approaching emergency vehicle warning

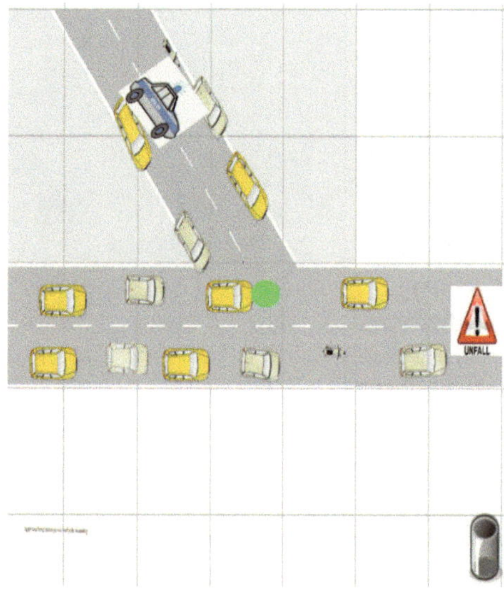

Soll bei Unfällen dabei helfen Notfallfahrzeuge einfacher an ihren Einsatzort durchfahren zu lassen. Dazu werden alle betroffenen Fahrzeuge auf der Spur oder an der Kreuzung vor der Annäherung des Notfallfahrzeuges gewarnt. Brokerzuteilungs- algorithmus notwendig! Ansonsten ist die Kommunikationsabfolge und die Konfiguration dieselben wie bei den bisherigen use cases.

Abbildung 19: Approaching emergency vehicle warning

Vor allem an diesem Beispiel kann man sehen, bei einer großen Menge an Fahrzeugen besteht auch großer Datenverkehr unter Ihnen. Hier müsste man regeln wer Broker ist und wie man die Aufteilung der Messages nachvollziehen kann. Der Broker wurde hier rein willkürlich ausgesucht, es kann auch das Notfallfahrzeug sein oder auch ein anderes Fahrzeug. Die Wahl muss wie gesagt algorithmisch vorher festgelegt werden.

Vor allem an diesem Beispiel kann man sehen, bei einer großen Menge an Fahrzeugen besteht auch großer Datenverkehr unter Ihnen. Hier müsste man regeln wer Broker ist und wie man die Aufteilung der Messages nachvollziehen kann. Der Broker wurde hier rein willkürlich ausgesucht, es kann auch das Notfallfahrzeug sein oder auch ein anderes Fahrzeug. Die Wahl muss wie gesagt algorithmisch vorher festgelegt werden.

16) App Kategorie: Public safety

Use case Nr.16: Post crash warning

Use case Beschreibung	Alle Fahrzeuge in bestimmter Reichweite werden über den Ereignis, sowie den genauen Standort des Unfalls benachrichtigt. Somit können weitere Unfälle vermieden werden und die Fahrer können Rücksicht nehmen und langsamer und vorsichtiger vorbeifahren.
MQTT einsetzbar?	ja
Möglicher Ablauf der Kommunikation	1) PUBLISH Statusinformation 2) SUBSCRIBE Warnungen 3) RSU meldet Unfall und schickt Warnung raus
Konfiguration	• Mit **QoS1**(siehe Begründung use case Nr.1) • **Session Expiry** (siehe Begründung use case Nr.1) • **Message Expiry** (siehe Begründung use case Nr.1)
Anforderungen	• Event driven, RSU sendet also Nachricht nur im Falle eines stattgefundenen Unfalls • Latenz ca.500ms, hier würde eine feste bzw. weiche Echtzeitfähigkeit evtl. genügen • Reichweite für das Senden der Informationen beträgt hier 300m • dezentrale Verteilungen von RSU Einheiten • RSUs müssen für bestimmte Geozonen verantwortlich sein, dies müsste vorher geregelt werden.

Tabelle 9: Post crash warning

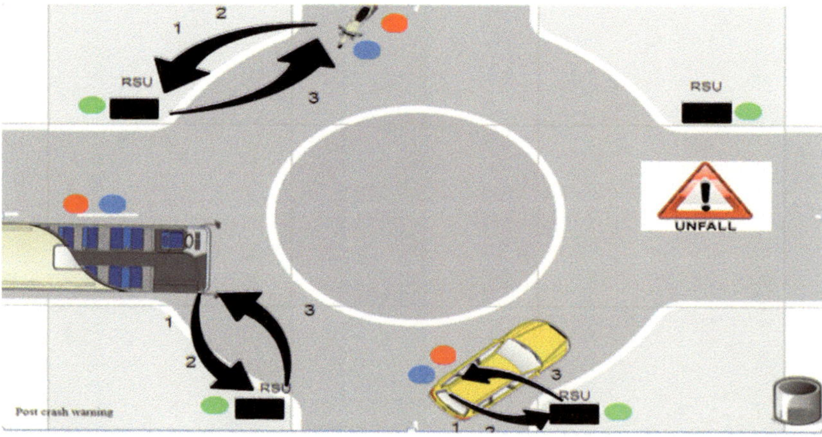

Abbildung 20: Post crash warning

17) App Kategorie: Sign extension

Use case Nr.17: In vehicle signage

Use case Beschreibung	Das IVS liefert die Informationen von festen, als auch dynamischen Verkehrszeichen. Somit soll durch die ständige Präsenz von verschiedenen Verkehrszeichen das Bewusstsein des Fahrers aufrechterhalten werden um Unfälle zu vermeiden. [32] Der Unterschied zum use case 1) ist das es sich hier meist um allgemeine Beschilderungen handelt, die meist durch Verkehrszeichen vermittelt werden (z.B. Kinderspielplatz etc.)
MQTT einsetzbar?	Ja
Möglicher Ablauf der Kommunikation	1) PUBLISH Statusinformationen 2) SUBSCRIBE Beschilderungsinhalt 3) RSU übermittelt Inhalt
Konfiguration	• Mit **QoS1** aber auch alternativ mit **QoS0** wäre möglich, da es primär nicht um sehr sicherheitskritische Warnungen geht sondern allgemeine Beschilderung. • **Session Expiry** (siehe Begründung use case Nr.1) • **Message Expiry** (siehe Begründung use case Nr.1)
Anforderungen	• Periodisches Versenden der Informationen -> Periodenfestlegung • Latenz ca. 1000ms, daher keine harte Echtzeitfähigkeit notwendig. Hier reicht auch die weiche Echtzeitanforderung. • Reichweite der Messages beträgt 200m

Tabelle 10: In vehicle signage

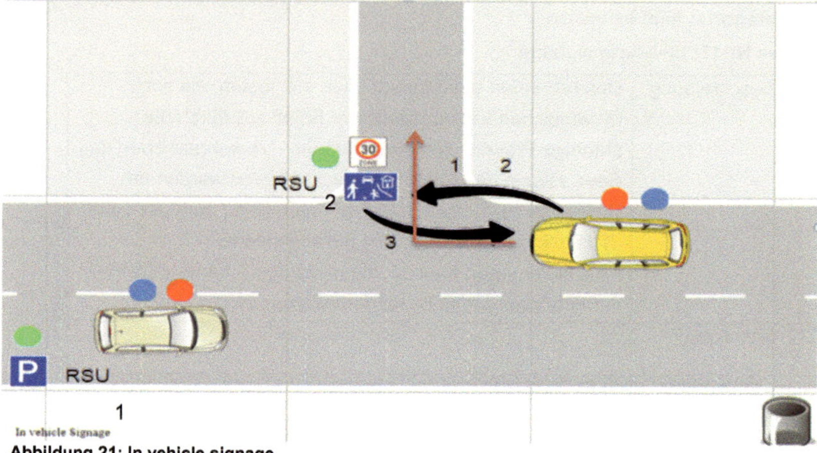

Abbildung 21: In vehicle signage

Bisher wurden reine safety application use cases betrachtet. Deswegen werden nachfolgend noch 3 weitere Anwendungen bewertet. Dazu zählt eine 20) Infotainment-Anwendung, da wir. Eine weitere Anwendung 21) Vehicle-2-Pedestrian, welches ebenso zu Vehicle-2-X zählt und daher auch mitberücksichtigt werden sollte und zu guter Letzt eine ebenso safety Anwendung die hohe Relevanz hat, nämlich die Anwendung 22) See-trough.

Nr.20) Infotainment-Anwendungen

Wie man schon aus dem Begriff Infotainment herauslesen kann, besteht dieses Kunstwort aus zwei Eigenwörtern, nämlich Information und Entertainment. Dieses neue Kunstwort beinhaltet alle Funktionen, die sowohl zur Information, also z.B. das Navigationssystem, aber auch zum Entertainment dienen, wie beispielweise die permanente Verfügbarkeit von E-Mails, Facebook, Musik usw. [33] Es gibt zahlreiche Infotainment-Anwendungen, einige Beispiele hierzu wären:

- ❖ Real time traffic
- ❖ Social content im Fahrzeug (Facebook, Twitter etc.)
- ❖ Wetter, News (ebenso Content-basierte Funktionen)
- ❖ Ortsbezogene Funktionen [34]

Auf die einzelnen Anwendungen wird nicht weiter eingegangen, da hier nur ein Beispiel mit einer Anwendung kurz erläutert werden soll. Das zuletzt genannten Beispiel, nämlich die Ortsbezogene Funktion wird hier als ein weiteres use case nun näher betrachtet.
Ortsbezogen bedeutet, dass durch das GPS Signal im Fahrzeug verschiedene Suchfunktionen durchgeführt werden können, wie z.B. zum nächsten Restaurant oder zu naheliegenden Tankstelle. In der nachfolgenden Darstellung haben wir ein Fahrzeug das durch Human Machine Interface (HMI) im Fahrzeug die Suche nach der nächsten Tankstelle aufgibt.

18) App-Kategorie: Infotainment

Use case Nr.20: Ortsbezogene Funktionen

Use case Beschreibung	Fahrer gibt Suche nach etwas bestimmten auf (Tankstelle, Supermarkt, WC, usw.). Server(RSU, Broker) ermittelt Position und schickt GPS Position des gewünschten Ortes. Diese kann der Fahrer direkt als neues Ziel für das Navigationssystem übernehmen und wird somit an das Ziel navigiert.
MQTT einsetzbar?	Ja
Möglicher Ablauf der Kommunikation	1) PUBLISH Statusinformationen 2) SUBSCRIBE „nächste Tankstelle" 3) RSU übermittelt Inhalt per GPS Koordinaten
Konfiguration	• Mit **QoS1** oder auch alternativ mit **QoS0**, da es nicht schlimme Folgen hätte falls die Nachricht nicht ankommt und man ein zweites Mal die Suche aufgeben muss. Sicherheitskritische Situationen entstehen hier allgemein nicht.
Anforderungen	• Event driven, es folgt also nur ein Abonnement wenn man eine spezielle Anforderung hat. • Latenz bei 500ms, deswegen ist hier harte Echtzeit nicht unbedingt notwendig, da aus Infotainment-Anwendungen keine sicherheitskritischen Warnungen zu entnehmen sind. Weiteres: • RSUs müssen dezentral gelagert sein und alle Orte in bestimmter Reichweite besitzen (inklusive Restaurants, Tankstellen usw.) um diese als Information weitergeben zu können. RSU braucht große Datenbank mit all den Orten die in seinem Zuständigkeitsbereich liegen.

Tabelle 11: Ortsbezogene Funktionen

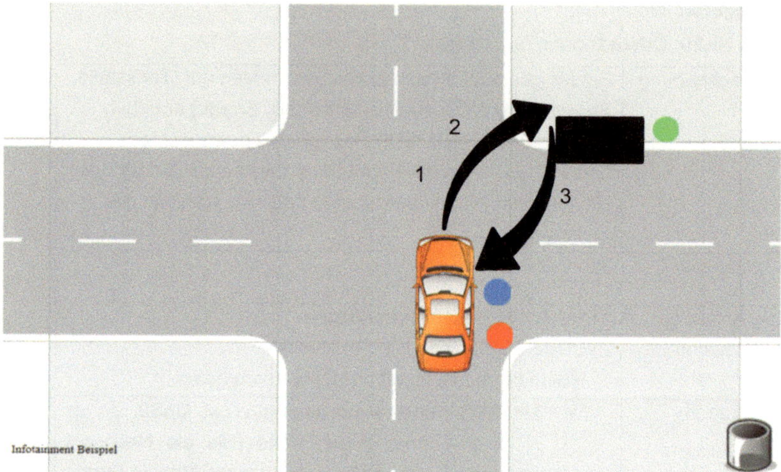

Abbildung 25: Ortsbezogene Funktionen, Darstellung 1

Eine weitere mögliche Darstellung der Signalflüsse wäre folgende Darstellung.

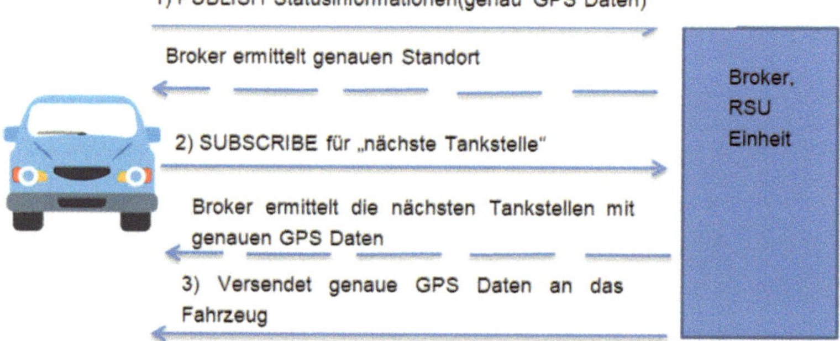

Abbildung 26: Ortsbezogene Funktionen, Darstellung 2

Nr.21) Vehicle – 2 – Pedestrian

Vehicle-2-Pedestrian Anwendungen können ebenso im Safety Bereich liegen, wie das Verhindern einer Kollision bei Fußgängerkreuzungen, aber auch Informationsbezogene Dienste enthalten. So könnte jemand der darauf wartet abgeholt zu werden mit dem Smartphone nachschauen, wo das Fahrzeug welches ihn abholen soll sich gerade befindet. Dieses Beispiel wird auch als nächstes use case verwendet.

19)App-Kategorie: Vehicle-2-Pedestrian
   Use case Nr.21: Nachverfolgung der Fahrt per live Ortung

Use case Beschreibung	Person die auf jemanden wartet kann auf Smartphone nachschauen, wo sich das Fahrzeug derzeit noch befindet und wie lange es noch dauert bis zur Ankunft am Ziel.
MQTT einsetzbar?	Ja (hier gäbe es auch 2 Möglichkeiten für den Einsatz des Brokers)
Möglicher Ablauf der Kommunikation	1) PUBLISH Statusinformationen von FZG zu RSU 2) SUBSCRIBE vom Fußgänger nach „Koordinaten Fahrzeug XY" 3) RSU übermittelt Standort des Fahrzeuges an Fußgänger
Konfiguration	mit **QoS1** oder auch alternativ **QoS0**, da es sich in dieser Anwendung ebenso um keine sicherheitskritische Anwendung geht. Bei sicherheitskritischen Anwendungen, wie z.B. Fußgängerübergängen dann eher mit **QoS1**, da man hier kein Risiko eingehen kann.
Anforderungen	• Event driven, es folgen also nur Informationen wenn danach gefragt ist, oder überhaupt Fußgänger vorhanden sind • Latenz ist in diesem use case nicht relevant, da es nur um eine Ortung geht, bei dem Beispiel mit der Fußgängerkreuzung spielt die Latenz wieder eine wichtige Rolle mit ca. 100ms. • Echtzeitfähige und kontinuierliche live Überwachung vom Fußgänger über Standort des Fahrzeuges muss gewährleistet sein, Fehler wären aber akzeptierbar, also keine harte Echtzeitfähigkeit notwendig, weiche Echtzeit reicht hier auch aus.

Tabelle 12: Live Ortung

Für dieses Beispiel gäbe es 2 Möglichkeiten, nämlich einmal mit und einmal ohne eine RSU Einheit. Im folgenden sind beide Beispiele visuell dargestellt.

1.Möglichkeit mit RSU

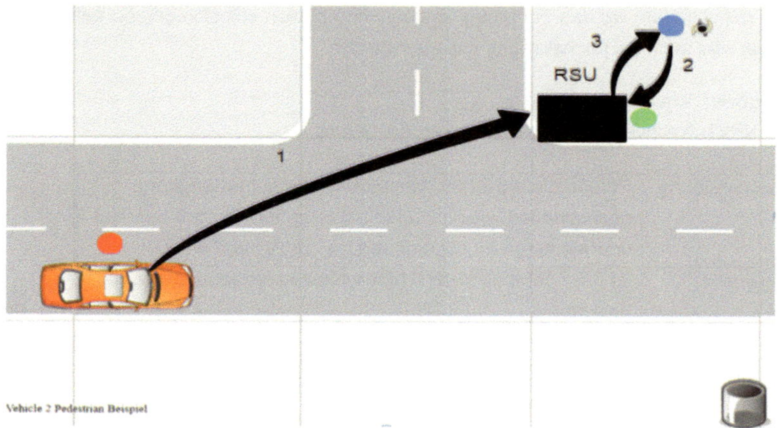

Abbildung 27: Live Ortung mit RSU Einheit

2. Möglichkeit ohne RSU

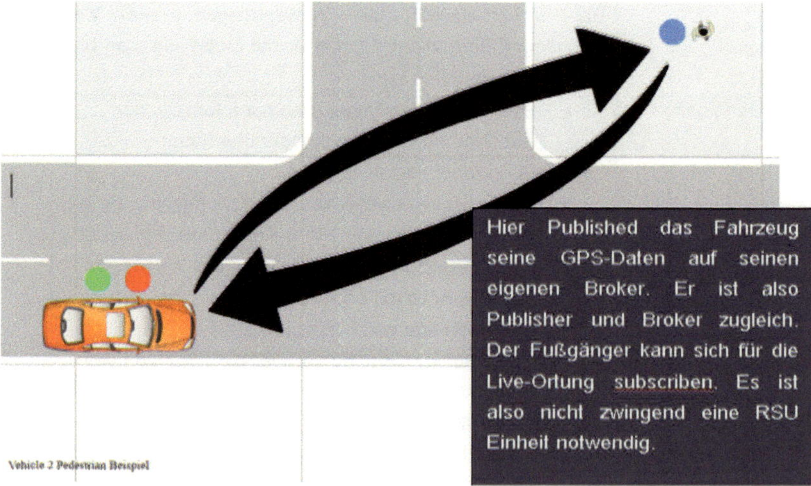

Abbildung 28: Live Ortung ohne RSU Einheit

Nr.22) See-Trough Anwendung

Diese gehört ebenso zu den Safety Application und wird deswegen hier explizit nochmal betrachtet, da dieser use case vor allem auf Autobahnen ein sehr häufig auftretendes Geschehen ist.

20) App Kategorie: Cooperative Perception

    Use case Nr.22: See-trough

Use case Beschreibung	Große Fahrzeuge wie LKWs, Busse etc. können durch Videostreaming an die hinteren Fahrzeuge die vordere Verkehrslage weiterleiten. Somit kann man gefährliche Überholmanöver vermeiden. [35]
MQTT einsetzbar?	Ja
Möglicher Ablauf der Kommunikation	1) PUBLISH Statusinformationen von FZG zu Broker (LKW) 2) SUBSCRIBE von FZG nach „Live Streaming" 3) LKW (Broker) leitet den Videostream weiter
Konfiguration	Mit **QoS1**(siehe Begründung bei use case Nr.1)
Anforderungen	• Event driven, erfolgt also nur wenn ein Überholmanöver gewünscht ist, dann kann das betroffene Fahrzeug eine Anfrage auf Videostreaming abonnieren. • Latenz beträgt 50ms ->harte Echtzeitfähigkeit erwünscht • Per Geocasting nur an die betroffenen Fahrzeuge Nachricht weiterleiten. Kommunikationsreichweite beträgt 100m

Tabelle 13: See - trough

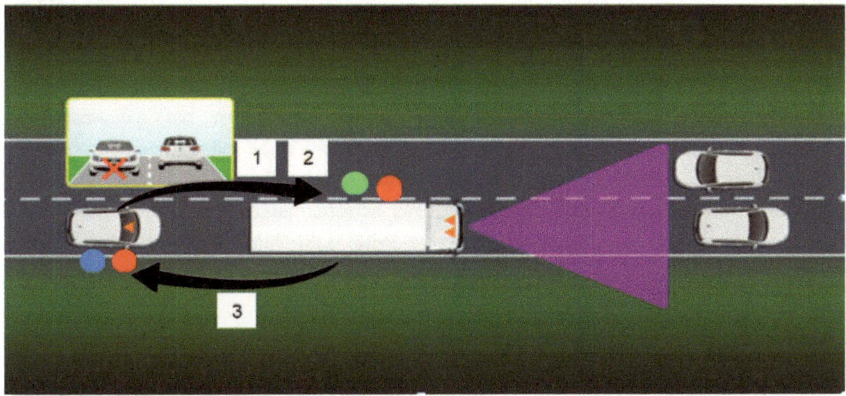

Abbildung 28: See-trough [35]

3.3 Zusammenfassende Bewertung und Empfehlungen für den zukünftigen Einsatz von MQTT im V-2-X Bereich

Wie man aus der Evaluierung von den use cases entnehmen kann, eignet sich der Einsatz von MQTT hauptsächlich besser, wenn RSU Einheiten im Szenario vorhanden sind. Innerhalb von mehreren Fahrzeugen, also in jeglichen Anwendungen vom Typ „vehicle to vehicle" ist der Einsatz von MQTT durchaus komplexer. Zudem muss berücksichtigt werden, dass in Fahrzeugen Ressourcen immer beschränkt sind. Demnach gibt es noch folgende Schwachstellen und Verbesserungsmöglichkeiten die nachfolgend erläutert werden:

❖ Echtzeitfähigkeit

In Kapitel 2.2.4 wurden bereits zwei Ansätze erwähnt, welche Möglichkeiten es gäbe das MQTT Protokoll auch für harte Echtzeitanforderungen zu entwickeln. Derzeit ist das Protokoll noch nicht vollständig echtzeitfähig. Diese Eigenschaft ist im Verkehr unabdingbar und ein elementarer Bestandteil der Fahrzeug-Kommunikation, sei es im Fahrzeug (on Board Kommunikation) oder auch zu anderen Fahrzeugen. Diesbezüglich herrscht deswegen auch noch Optimierungsbedarf.

❖ Massiver Datenverkehr bei zu vielen Brokern

Die hohe Skalierbarkeit von MQTT ist zwar ein großer Vorteil dieses Protokolls, dies bedeutet aber, dass die Server an tausende von Clients, Messages problemlos versenden können. Andersherum aber könnte dies ein Problem bzw. Belastung seitens der Clients darstellen. Bisher wurden nur einzelne Anwendungsfälle mit meist nur einem Server (RSU) oder ein paar betrachtet. In der Realität aber kann es vorkommen, dass Straßen und Kreuzungen die aufeinanderfolgen Unmengen an Verkehrszeichen, Ampeln usw. also RSUs besitzen. Zudem sind auch die meisten Fahrzeuge ebenso als Broker implementiert für die Kommunikation untereinander (Vehicle-to-Vehicle). Da das Fahrzeug sich für alle wichtigen Topics die periodisch erfolgen subscriben muss um auch die Nachrichten zu erhalten, könnte dies zu einer sehr hohen Datenbelastung führen, vor allem bei gleichzeitigen Übermittlungen. Broker können in sehr großen Netzwerken zwar miteinander verbunden werden, hier besteht dann allerdings die Gefahr, dass falsche Clients Messages erhalten. [16] Außerdem ist das Verbinden der Broker, das sogenannte „Bridgen" eher für lokale Netzwerke geeignet mit sehr zuverlässiger Konnektivität. [39] Daher besteht diesbezüglich noch mehr Optimierungsbedarf.

❖ Hoher Bandbreiten- sowie Rechenbedarf für TCP

Ursprünglich wurde TCP für Geräte entwickelt, die mehr Speicher-, als auch Rechenressourcen besitzen. [38] Dies kann im Bereich der eingebetteten Systeme, wie es auch im Fahrzeug der Fall ist, Probleme darstellen, denn hier sind Rechenressourcen knapp. Bei einem Verbindungsaufbau zum Beispiel verlangt TCP, dass dieser Prozess mit einem mehrstufigen Handshake-Prozess aufgebaut wird. Dies bedarf mehr Rechenbedarf und ist für ressourcenbeschränkte Geräte auf Dauer nicht sonderlich vorteilhaft. [38] Es gibt neben MQTT auch die Erweiterung von MQTT-SN, welches für Sensornetzwerke gedacht ist. Diese Erweiterung wird angepasst für drahtlose Kommunikationen und somit niedrige Bandreite, hohe Verbindungsausfälle oder auch kurze Nachrichtenlängen. [43] MQTT-SN wäre hier also eine Möglichkeit zur Lösung dieser Problematik, sollte aber auch noch genauer evaluiert und getestet werden.

❖ Sicherheit

Die Relevanz der Sicherheit, sowohl in allgemeinen Netzwerken, als auch in der Vehicle-2-X Kommunikation ist von großer Bedeutung. Bei MQTT werden Messages in Bytearrays und nicht in Klarschrift versendet, wie es beispielsweise bei HTTP der Fall ist. Solange diese verschlüsselt sind, sind sie auch schwieriger zu interpretieren. Allerdings tritt hier gleich das 1. Problem auf, der aus der Byteübertragung resultiert. Broker verschlüsseln ihre Verbindungen mit dem TLS. bzw. SSL Verfahren. Jedoch ist dieses Verfahren wiederum nur für Nachrichten in Klartext geeignet. Somit ist ein Zusatzaufwand auf der Client und Serverseite notwendig. Durch einen initialen Austausch von Zertifikaten besteht zwar die Möglichkeit der Authentifizierung zwischen Client und Server, jedoch wie bereits erwähnt nur mit einem Zusatzaufwand verbunden. [39] Aus diesen Gründen ist ein Einlesen bzw. Manipulieren der Messages nicht komplett ausschließbar.

❖ Dezentrale Verteilung von RSUs

Es gibt jede Menge Anwendungen, sei es im safety oder auch im non safety Bereich und es werden auch immer mehr. Man konnte deutlich sehen, dass auch sehr viele use cases mit RSUs arbeiten. Da die Fahrzeuge in ständiger Bewegung sind und neue Informationen brauchen, braucht man auch jede Menge RSU Einheiten. Diese RSU Auslegung sollte auch geschickt ausgelegt werden. Eine dezentrale Verteilung von RSUs bedeutet ebenso, dass nicht wenige Broker viel Daten verwalten müssen, sondern die Verarbeitung aufgeteilt wird. Dies wäre eventuell auch noch ein weiterer Punkt was in der Entwicklung mitberücksichtigt werden sollte.

❖ Brokerzuteilungsalgorithmus

Für den Einsatz von MQTT in rein „vehicle-to-vehicle" Anwendungen wurde im Hauptteil 2 Möglichkeiten vorgeschlagen. Bei Möglichkeit 2, mit Verwendung eine zentralen Brokers besteht noch Bedarf eines Brokerzuteilungsalgorithmus, dies ist zwar mehr Implementierungsabhängig und nicht MQTT spezifisch gefordert, stellt aber trotzdem einen wichtigen Punkt dar und wird deswegen nochmal erwähnt.

Nachdem nun allgemeine Punkte erwähnt wurden, die noch Schwachstellen von MQTT speziell für Vehicle-2-X darstellen, folgt nun abschließend noch einmal eine Übersicht aller use cases. Auf die einzelnen Anforderungen wird hier nicht weiter eingegangen, da dies im Hauptteil schon Bestandteil der Analyse ist. Hier wird primär auf die Echtzeitfähigkeit eingegangen, denn man kann nicht oft genug betonen, dass die Echtzeitfähigkeit das wichtigste Kriterium für weitere Forschungen und Entwicklungen darstellt. Da wir uns hauptsächlich mit safety Anwendungen beschäftigt haben sieht man auch aus nachfolgender Tabelle, dass für fast jedes use case Echtzeitanforderungen zusätzlich gefordert sind um den Einsatz von MQTT zu gewährleisten. Lediglich im Infotainment-Bereich bzw. alle Anwendungen die sich im non-safety Bereich befinden, hier sind Echtzeitanforderungen vorerst nicht notwendig und in den Fällen stünde dem Einsatz von MQTT nichts mehr im Wege.

Use Cases:	MQTT einsetzbar:
1) Traffic Signal violation warning	Ja, aber mit hard-real time Anforderung
2) Left turn assistant	Ja, aber mit hard-real time Anforderung
3) Stop sign movement assistance	Ja, aber mit hard-real time Anforderung
4) Intersection collision warning	Ja, aber mit hard-real time Anforderung
5) Blind merge warning	Ja, aber mit hard-real time Anforderung
6) Pedestrian cross information at designated intersections	Ja, aber mit hard-real time Anforderung
7) Cooperative collision warning	Ja, aber mit hard-real time Anforderung
8) Emergency electronic brake lights	Ja, aber mit hard-real time Anforderung
9) Highway merge assistant	Ja, aber mit hard-real time Anforderung
10) Blind spot warning	Ja, aber mit hard-real time Anforderung
11) Pre-cash sensing	Ja, aber mit hard-real time Anforderung

12) Transit vehicle signal priority	Ja, aber mit hard-real time Anforderung
13) Cooperative vehicle-highway automation systems (platoon)	Ja, aber mit hard-real time Anforderung
14) Cooperative adaptive cruise control	Ja, aber mit hard-real time Anforderung
15) Approaching emergency vehicle warning	Ja, aber mit hard-real time Anforderung
16) Post-crash warning	Ja, aber mit hard-real time Anforderung
17) In vehicle signage	Ja, aber mit soft/hard real time Anforderung
18) Curve Speed Warning	Ja, aber mit hard-real time Anforderung
19) Work zone wWarning	Ja, aber mit hard-real time Anforderung
20) Infotainment applications (ortsbezogene Funktionen)	Ja! → kein zusätzlicher Aufwand notwendig!
21) Vehicle-2-Pedestrian applications (live Ortung)	Ja, aber mit hard-real time Anforderung
22) See Trough	Ja, aber mit hard-real time Anforderung

Tabelle 14: Übersicht aller use cases

4. Fazit und Ausblick

MQTT ist ein ressourcenschonendes und effizientes IoT-Protokoll. Die zunehmend ansteigende Popularität und die Nutzung des Protokolls in immer mehr Anwendungsgebieten ist daher durchaus berechtigt. Die Mengen an Features die MQTT anbietet bietet zusätzlich die Möglichkeit, spezielle Konfigurationen zu bestimmen. Zudem erfüllt es die Eigenschaften der leichtgewichtigen und bandbreitenschonenden Übertragung. Diese Eigenschaften gehören mit zu vielen weiteren, die besonders für eingebettete Systeme große Relevanz haben. Der sich derzeit in der Entwicklung befundene Trend des Vehicle-2-X wirft erste Ideen, Konzepte und neue Forschungsgebiete auf.

Die eigentliche Forschungsfrage dieser Arbeit, ob das MQTT Protokoll zukünftig für Vehicle-2-X Anwendungen geeignet ist kann unter Vorbehalt, mit Ja beantwortet werden.
Mit Vorbehalt deswegen, weil die bisher genannten Anforderungen die das Protokoll noch nicht erfüllt, vorab entwickelt und getestet werden müssen. Diese Arbeit mit der theoretischen Betrachtung und Evaluierung der use cases alleine, kann keine endgültige Aussage darüber machen, bietet aber erste Erkenntnisse und eine Anforderungsanalyse die näher untersucht werden sollten. Hier könnten Standardisierungsorganisationen als auch Automobilhersteller, der Forschung und Entwicklung nachgehen und die Entwicklung fördern.

5. Literaturverzeichnis

[1] Warum das autonome Fahren viel später kommt, als Elon Musk wahrhaben will, Johannes Kaufmann, 2018, [Zugriff am 03.06.2019]. Verfügbar unter: https://www.gruenderszene.de/automotive-mobility/autonomes-fahren-musk-vs-studien?interstitial

[2] Car2X: die neue Ära intelligenter Fahrzeugvernetzung [Zugriff am 03.06.2019]. Verfügbar unter:
https://www.volkswagenag.com/de/news/stories/2018/10/car2x-networked-driving-comes-to-real-life.html#

[3] Internet of Things [Zugriff am 02.04.2019]. Verfügbar unter:
https://www.gruenderszene.de/lexikon/begriffe/internet-of-things?interstitial?interstitial_click

[4] Design and Implementation of a Reliable Message Transmission System Based on MQTT Protocol in IoT, J. P. J. G. S. Hyun Cheon Hwang, 2016, Seite: 1765–1777, [Zugriff am 01.04.2019].

[5] Facebook - Under the hood: Rebuilding Facebook for iOS, J. Dann, 2012. [Zugriff am 02.04.2019]. Verfügbar unter:
https://www.facebook.com/notes/facebook-engineering/under-the-hood-rebuilding-facebook-for-ios/10151036091753920

[6] MQTT Essentials: Part 1 – Introducing MQTT, The HiveMQ Team, 2015. [Zugriff   am   10.04.2019],   Verfügbar   unter:
https://www.hivemq.com/blog/mqtt-essentials-part-1-introducing-mqtt/

[7] Universität Koblenz: Automotive Konzepte und Techniken, Prof. Dr. Dieter Zöbel, 2009 [Zugriff am 18.03.2019], Verfügbar unter:
https://www.uni-koblenz-landau.de/de/koblenz/fb4/ist/AGZoebel/Lehre/ss09/Seminar09/graf

[8] Global status report on road safety 2018, World Health Organization, 2018, [Zugriff am 18.03.2019]. Verfügbar unter:
https://apps.who.int/iris/bitstream/handle/10665/276462/9789241565684-eng.pdf?ua=1

[9] Welche drei Kriterien sollte ein vernetztes Auto vor allem erfüllen?, Statista, 2016, [Zugriff am 15.03.2019]. Verfügbar unter:
https://bibaccess.fh-landshut.de:2127/statistik/daten/studie/576885/umfrage/umfrage-zu-den-kriterien-die-ein-vernetztes-auto-erfuellen-sollte/

[10] Car2Car Communication Consortium Manifesto, 2007, [Zugriff am: 19.03.2018]. Verfügbar unter:
https://www.car-2-car.org/fileadmin/documents/General_Documents/C2C-CC_Manifesto_Aug_2007.pdf

[11] Wie die V2X-Kommunikation nach 802.11p getestet und validiert wird, Gerd Schmitz, Axel Meinen und Jonas Weinen, Hendrik Härter, 2018, [Zugriff am: 22.03.2019]. Verfügbar unter:
https://www.next-mobility.news/wie-die-v2x-kommunikation-nach-80211p-getestet-und-validiert-wird-a-737501/

[12] Vulnerability Assessment of Secured Message and Identity Management Services in ETSI ITS C2C Communications, Nasser Nowdehi Chalmers University of Technologie, Schweden 2013 [Zugriff am 26.03.2019], Verfügbar unter:
http://publications.lib.chalmers.se/records/fulltext/193941/193941.pdf

[13] IEEE 802.11p [Zugriff am 30.03.2019]. Verfügbar unter:
https://www.itwissen.info/IEEE-802DOT-11p-802DOT-11p.html

[14] Intelligent Transport Systems (ITS); Vehicular Communications; ETSI 2009, [Zugriff am 27.03.2019]. Verfügbar unter:
http://www.etsi.org/deliver/etsi_ts/102600_102699/10263703/01.01.01_60/ts_102637 03v010101p.pdf

[15] Intelligent Vehicular Network and Communications, Anand Paul, Naveen Chilamkurti, Alfred Daniel, Seingmin Rho, 2016, Seite: 17 [Zugriff am 27.03.2019]

[16] MQTT V3.1 Protocol Specification, [Zugriff am 15.05.2019]. Verfügbar unter:
http://public.dhe.ibm.com/software/dw/webservices/ws-mqtt/mqtt-v3r1.html

[17] MQTT - Leitfaden zum Protokoll für das Internet der Dinge, Florian Raschbichler, 2017 [Zugriff am 02.05.2019]. Verfügbar unter:
https://www.informatik-aktuell.de/betrieb/netzwerke/mqtt-leitfaden-zum-protokoll-fuer-das-internet-der-dinge.html

[18] Das MQTT-Praxisbuch, W. Trojan, 2017, [Zugriff am: 16.05.2019]

[19] MQTT für Dummies, Marc Mai, 2016 [Zugriff am 15.05.2019]. Verfügbar unter:
https://blog.doubleslash.de/mqtt-fuer-dummies

[20] MQTT Essentials Part 9: Last Will and Testament, The HiveMQ Team, 2015, [Zugriff am 15.05.2019]. Verfügbar unter:
https://www.hivemq.com/blog/mqtt-essentials-part-9-last-will-and-testament/

[21] MQTT Essentials Part 6: Quality of Service 0, 1 & 2, The HiveMQ Team, 2015, [Zugriff am 16.05.2019]. Verfügbar unter:
https://www.hivemq.com/blog/mqtt-essentials-part-6-mqtt-quality-of-service-levels/

[22] MQTT für Dummies, Marc Mai, 2016, [Zugriff am 14.05.2019]. Verfügbar unter:
https://blog.doubleslash.de/mqtt

[23] MQTT 5 – Das sind die Neuerungen für das IoT-Standardprotokoll, Dominik Obermeier, 2018, [Zugriff am 10.05.2019]. Verfügbar unter:
https://entwickler.de/online/iot/mqtt-5-neuerungen-579860098.html

[24] Bachelorarbeit - Erste Schritte in Richtung eines echtzeitfähigen Message Queue Telemetry Transport-Protokolls, Gerhard Heldenburg, 2018 [Zugriff am: 26.04.2019]

[25] Echtzeitsbetriebssysteme-Vorlesungsskript. Prof. Pellkofer, Seite: 8, [Zugriff am 01.05.2019]. Verfügbar unter:
https://moodle.haw-landshut.de/pluginfile.php/181239/mod_resource/content/0/EZBS.pdf

[26] PiCAN 2: CAN-Bus-Karte für Raspberry Pi (OBD II), Dennis Meyer, 2019, [Zugriff am 01.05.2019]. Verfügbar unter:
https://www.elektormagazine.de/news/pican-2-can-bus-karte-fur-raspberry-pi-obdii

[27] Broadcasting safety information in vehicular networks: issues and approaches. Rex Chen, Wen-Long Jin, Amelia Regan, 2010, Seite:22, [Zugriff am 25.04.2019].
Verfügbar unter:
https://ieeexplore.ieee.org/document/5395779

[28] Sicherheit im eigenen Netzwerk mittels MQTT [Zugriff am 27.05.2019]. Verfügbar unter:
https://www.androegg.de/?page_id=1429

[29] Intelligent Transport System Standards, Bob Williams, Seite: 63, [Zugriff am 02.06.2019]

[30] Intelligent Transport System Standards, Bob Williams, Seite: 64, [Zugriff am 02.06.2019]

[31] Electronic Emergency Brake Light [Zugriff am 01.06.2019]. Verfügbar unter:
https://www.continental-automotive.com/en-gl/Passenger-Cars/Chassis-Safety/Software-Functions/Active-Safety/Emergency-Brake-Assist/Electronic-Emergency-Brake-Light

[32] Intelligent Transport System Standards, Bob Williams, Seite:53, [Zugriff am: 03.06.2019]

[33] Car IT kompakt, Das Auto der Zukunft- vernetzt und autonom fahren, Volker Johanning, Roman Mildner, 2015, Seite:5, [Zugriff am 02.06.2019]. Verfügbar unter:
https://bibaccess.fh-landshut.de:3081/content/pdf/10.1007%2F978-3-658-09968-8.pdf

[34] Car IT kompakt, Das Auto der Zukunft- vernetzt und autonom fahren, Volker Johanning, Roman Mildner, 2015, Seite: 49-50, [Zugriff am 02.06.2019]. Verfügbar unter:
https://bibaccess.fh-landshut.de:3081/content/pdf/10.1007%2F978-3-658-09968-8.pdf

[35] Deliverable D2.1, 5GCAR Scenarios, Use Cases, Requirements and KPIs, PSA Group, 2017, Seite:22, [Zugriff am 10.06.2019]. Verfügbar unter:
https://5gcar.eu/wp-content/uploads/2017/05/5GCAR_D2.1_v1.0.pdf

[36] Embedded Systems for Iot, S.92, Felix Hüning, 2019 [Zugriff am 14.06.2019].
Verfügbar unter:
https://bibaccess.fh-landshut.de:3081/content/pdf/10.1007%2F978-3-662-57901-5.pdf

[37] Echtzeit: Grundlagen von Echtzeitsystemen, Prof. Dr. Christian Siemers, 2017,
[Zugriff am 14.06.2019]. Verfügbar unter:
https://www.embedded-software-engineering.de/echtzeit-grundlagen-von-echtzeitsystemen-
a-669520/

[38] Zwei Protokolle zur Auswahl, James Stansberry, 2015 [Zugriff am 14.06.2019].
Verfügbar unter:
https://www.elektroniknet.de/elektronik/kommunikation/zwei-protokolle-zur-auswahl-126289-
Seite-2.html

[39] Real-Time Vehicle Monitoring and Positioning using MQTT for reliable wireless
connectivity, Izwan Idris, 2017 [Zugriff am 13.06.2019], Verfügbar unter:
https://eprints.qut.edu.au/106921/

[39] MQTT Sicherheit, [Zugriff am 01.06.2019]. Verfügbar unter:
https://www.androegg.de/?page_id=1429

[40] Kurz erklärt: Echtzeit, Barbara Lange, Susanne Nolte, 2016 [Zugriff am 17.06.2019],
Verfügbar unter:
https://www.heise.de/select/ix/2016/3/1457144485061050

[41] Development of a proactive soft-real-time feature for MQTT protocol in Io, Seite: 43,
Michael Deller, 2019. [Zugriff am 15.06.2019]

[42] What is Latency? [Zugriff am 11.06.2019], Verfügbar unter:
http://www.plugthingsin.com/internet/speed/latency/

[43] MQTT For Sensor Networks (MQTT-SN)Protocol Specification Version, Andy Stanford-
Clark and Hong Linh Truong, 2013, [Zugriff am 17.06.2019], Verfügbar unter:
http://www.mqtt.org/new/wp-content/uploads/2009/06/MQTT-SN_spec_v1.2.pdf